NICHE

中間市場陷落，小眾消費崛起

小眾，其實不小

詹姆斯・哈金——著　　陳琇玲——譯

Why the Market No Longer Favours the Mainstream

JAMES HARKIN

目次

| 推薦序。江榮原 |

小眾之路，肯定生動

讀完《小眾，其實不小》這本書的印前稿，正好隔天我就要參加台北市政府主辦的「創意台北——文創產業高峰論壇」。主辦單位要我談一談：像阿原這麼簡單的小肥皂，為什麼能在這幾年迅速發展成大陸觀光客深愛的品牌？在大家都說市場很小的台灣，我有什麼經驗能分享？

其實，從二〇〇五年創業至今，我常會面對來自消費者的挑戰。尤其最近幾年，最常被問到的問題是：「肥皂賣得這麼貴，會不會違背你想照顧更多人的初心？」「為什麼一般肥皂很多藥房和商店都有賣，但阿原肥皂卻只能走進百貨公司才買得到？」

我這樣堅定地告訴關心我的人：「如果你花三百元買肥皂會覺得吃力，那就意味著你不適合來買這樣的產品。你們應該做的，是省下這些買肥皂的錢，去多吃營養的三餐，照顧好自己的健康。因為，我不想賺別人的辛苦錢，我想賺的是有錢人的錢，再把賺到的利益，去向台灣的小農買好一點、貴一點的材料，既成全公平交易，也能打造良心事業的善因循環。」

有人接受、也支持我的想法，但也有人不以為然，掉頭而去。我深知沒有一件事可以討好所有人，所以打從創業那一刻起，就決定了要深耕小眾市場。大眾市場習慣從價從量，你很難傳播理想、創造希望。尤其，大眾消費者通常是哪個品牌打折，他們就往哪邊去，在這種情況下，企業所獲得的品牌忠誠度，往往只是隨著價格競爭而來的結果，而不是真正出自消費者打從心底的選擇。

但是小眾市場不同，通常消費者與品牌之間，有一股惺惺相惜的聚合力，在黏著他們消費能力之外的價值觀。這些人散在各地，並不集中，通常也不太跟著流行，但他們卻可以像房屋的柱子般，支撐起一家企業的筋骨強壯。

越是有多元選擇的市場，就越是會產生渴望獨立見解的人。如果企業從產、銷、人、發、財的每一段內部文化，都有社會對話的故事，就會吸引品牌的支持者與你同行。要是能同時對外展現產品真、誠、實、善、美，那麼小眾甚至會幫你口耳相傳。

小眾在商業行為裡也許不是主流，但是他們灌溉了創新和傳統之間的另一片祕密花園，我稱之為「心靈市場」。《小眾，其實不小》這本書，就分析了為什麼在這個電腦幾乎吞沒了所有書寫的時代，義大利一本用紙裝訂的Moleskine筆記本，還能逆勢成長銷遍全世界；書中也單刀直入地告訴我們，其實讀者根本不想浪費時間翻閱報紙，而是只想看自己關心的新聞。是的，沒有人跟你爭一張紙、搶一個網頁，這些屬於每一個個人私我的小眾行為，竟一次又一次改寫了舊市場的經驗。

台灣政府花很大的力量，要幫助傳統企業與創新產業走向公開的大眾市場，學校也一直在教育新一代企管人才面向國際、行銷全球，但是我想，也許多花一點力量輔導教育人們如何照顧好小區域經濟環境裡的生產、製造、消費與個人心理管理，讓小眾陪大家一路出走，是更值得嘗試的方向。因為我相信，走出來的路，肯定比畫出來的地圖生動。

本文作者為阿原肥皂創辦人。

｜推薦序。李仁芳｜

小眾社群商務時代來臨

這是一本銳眼觀察，具深刻見解之佳作。

《小眾，其實不小》的作者，以「獵酷專家」的銳眼，為我們提供了許多商業、文化、甚至政治各界的精采例子，向我們說明網路科技所帶來的市場交易革命、影音媒介革命、新聞革命、文化潮流革命，以及政治溝通革命，還有背後更深遠的經營管理思潮典範轉移。讓我們看到：集結小眾同好的邊陲利基，也可以是門絕佳的生意。

嚴格說來，所謂「中間（主流）市場」的陷落，其實是網際網路科技的進步，所驅動的一場市場交易革命。因為網路的普及，促成了今天普世的消費需求者與生產供應者之間一種全新的交易關係——交易前的相互資料搜尋、交易過程中的議價談判（這兩者均仰賴資訊發掘與流通），以及成交後的金流交割，均可毫不費力地（極度經濟化的交易成本）透過網路完美完成。

更關鍵的，是這種透過網路的相互尋覓（現在時髦的工具利器叫資料採礦，與大數據分析），可以極為精密準確地將對特殊事物有共同興趣的粉絲，與利基小眾供應者，相互勾稽雙方在一起，讓供需雙邊一拍即合相見歡。

交易中介所需的搜尋／資訊流通，與金融交割流通，今天在網路上已經能十分精準、高效率、幾乎零成本、毫無磨擦損耗地完成。這種商業營運模式，特別適合口袋不深的少年頭家創業者。而且，利基小眾一旦鎖定，極易達到「行銷」的目的與效果。不像過去傳統主流市場經營者，得在靠近與維繫客戶上，投入大量的廣告或人員推廣做電話／信件的聯繫，才能傳送訊息給目標客層。今天，年輕創業團隊在草創初期，不需投入太多人力資源以外的成本，就能透過網路經營利基社群，完成「早期行銷」，達成深耕小眾滿足其需求的效果。

其實，小眾消費需求一向存在，只是在「前網路時代」，小眾們離散、隔閡四地的需求難以集結表現成有魅力的商機，供給者也無從與彼等對話。但在「後網路時代」，拜幾乎零成本（物流費用除外）的精準中間仲介流程之賜，過去需要中間市場（因為規模才夠大、才夠「規模經濟」）撐起來的生意，現在靠著小規模、有共同興趣的粉絲，也容易集結表達其需求，足以成立各種「小眾市場」。

有眼明手快的「利基贏家」（niche-buster），現在就積極運用網路上龐大的資訊生態體系，精確追蹤形形色色小眾的「足跡與動靜」，並迅猛供應這些對「對味的商品」有極強烈需求的小眾粉絲——這就是我們在本書中所目睹、在各行各業大興起的「粉經濟」／「迷經濟」潮流。

臉書創辦人祖克柏早在二〇一〇年就說過：「如果我一定要猜的話，下一個爆發式成長的領域，就是社群商務。」這本書，就讓我們看到了行行業業中，各種「小眾，其實不小」、令人印象深刻的有趣社群商業模式。

後網路時代是規模經濟退位、深度經濟當潮的時代。用作者的話來說，就是各種市場「大山」——眾人皆知、卻無人喜愛的商品（與商店）不見了，取而代之的是無數小丘——利基商品（與商店）突起。換言之，這是個範疇經濟失色、利基經濟崛起的時代。

本文作者為政治大學創新管理教授。

新版序

用心耕耘更豐富、更真誠的小眾文化

十年前我寫下《小眾，其實不小》時，主流文化已經面臨挑戰。十年後的今天，大家都看到了：從零售業到政治、文化、媒體，過去半世紀主宰世界的主流文化正一一被瓦解。

我是怎麼預知這一切的？看看西方國家的主流大政黨吧，老派的殭屍型政治人物被政治新秀、素人打得潰不成軍；看看精華地段上那些曾經呼風喚雨的商店，不是倒閉就是易主；看看主流媒體，觀眾大量流失；還有主流文化——那些曾經家喻戶曉的書籍、電影——如今顯得老套極了。

這本書將帶領讀者理解，曾經在我們社會不可一世、享有近乎獨占地位的「主流」玩家們，如何失去江山、找不到讓自己翻身的新小眾，進而被來自各方的新生態——例如Google、蘋果、微信、

Netflix等——超越。

十年來，無論零售業、媒體、文化、政治，都有許多新小眾崛起的故事。這些新小眾贏家之所以能成功崛起，只是因為他們發現：當專注於自己擅長的領域，顧客規模會出現健康的自然增長。

早就受夠了主流文化、目睹主流文化逐漸崩壞的讀者，將會發現當你聚焦於成長中的高素質小眾市場，用心耕耘更豐富、更真誠的小眾文化，你將會獲得更可觀的回報。希望這本《小眾，其實不小》，能幫助你發現屬於你的小眾。

詹姆斯・哈金　寫於二〇一九年十一月

小眾，其實不小

前 言

大家都需要你的產品？別鬧了

中間客層大崩壞

「把產品賣給所有人」的策略再也行不通了，
想討好全部人的企業，最後反而誰也沒討好到……

這個故事，要從吵雜又大聲的音樂說起。

一九九九年，紐約和舊金山等地購物中心的Gap服飾店員工發現，對手A&F（Abercrombie & Fitch）竟然在店內播放震耳欲聾的電音舞曲。

原來，那是A&F精心計畫的一項策略。相較於Gap的服飾風格老少咸宜，店內裝潢講究簡樸，店員會親切招呼上門的每位顧客，A&F卻公然對三十歲以上的顧客，擺出不歡迎的姿態——大聲播放電音舞曲，明知這樣會趕跑年齡層較大的顧客。A&F甚至把櫥窗弄得黑漆漆，擋掉它們不想要的顧客。要是有不識相的「長輩」想上門，A&F就會派一些打扮入時的青少年員工，刻意在店裡走來走去。

Gap主管怎麼也沒想到的是：A&F這一招居然奏效了。對時尚潮流趨之若鶩的年輕人，不再愛逛

Gap了，轉而投入其他更時尚品牌的懷抱——十幾歲的青少年鍾愛A&F和J.Crew，二十幾歲的則熱愛American Apparel和H&M。藉由鎖定較年輕的消費者，這些潮牌服飾成功開闢利基市場，因此大受年輕消費群的歡迎。

當你想討好每個人，最後反而一無是處

趨勢觀察家一直告訴大家，在一九七七年到九四年這段期間出生的人——常被稱為Y世代或回聲潮世代（Echo Boomers）——他們的消費習慣有別於過去的世代。今天，這個世代的消費支出正達到顛峰，這有統計數字可以證明。從一九九二年起，美國青少年人口逐年增加，由於這些世代有著溺愛他們的父母，所以他們的消費支出正以驚人的比率成長。

Gap服飾的主管決定依樣畫葫蘆，改變Gap的產品風格。為了讓善變的年輕消費群回心轉意，Gap開始推出緊身上衣、桃紅色長褲、連帽外套和緊身毛衣，以及迷你裙和娃娃裝。Gap聘請超酷的R&B歌手梅西．葛蕾（Macy Gray）擔任品牌代言人，還推出皮褲系列，甚至想到在一些分店開始播放年輕人愛聽的音樂。

結果？悽慘無比。或許是因為青少年和年輕消費群識破了Gap刻意拉攏他們的技倆，他們決定繼續忽視Gap的存在，照樣向專心迎合他們喜好的A&F這類品牌投懷送抱。

更糟的是，Gap討好年輕顧客的做法，反而惹惱了三十五歲以上的消費群。這群人原本是Gap的死忠顧客，在被Gap的新措施激怒後，他們轉身光顧別家服飾品牌。

這讓Gap的主管們更加不知所措。他們的品牌本來一直深受消費者青睞，可是如今，顧客群卻不斷流失。

Gap的第一家店在一九六九年開幕，當時加州反主流文化運動正如火如荼地展開，Gap品牌名稱的靈感，即來自年輕叛逆的嬉皮與他們老古板家長之間的代溝。Gap推出老少咸宜，既抗皺又容易搭配的牛仔褲和休閒服，以消除世代代溝為訴求。多年下來，Gap經營得相當成功，在後續數十年間爆發驚人成長，也在時尚界吹起休閒風，深受許多人喜愛。

Gap服飾店裡，總有大家想買的東西——年輕人去那裡買T恤、阿嬤們去那裡買羊毛衫，任何人都能在那裡買到卡其褲。一九八二年時，Gap推出自創品牌（先前主打Levi's牛仔褲），一九八三年買下非洲狩獵風的服飾品牌香蕉共和國（Banana Republic）；在接下來的幾年裡，Gap的分店版圖擴大到歐洲和亞洲，還增加兒童服飾GapKids和嬰兒服飾babyGap，並推出價格較低廉的副牌「老海軍」（Old Navy）。

到了一九九〇年代後期，Gap已經成為全球最大的服飾零售巨擘，旗下三大品牌Gap、香蕉共和國和老海軍的分店多達三千家，從《時尚》（*Vogue*）雜誌模特兒到知名女星莎朗・史東（Sharon Stone），大家都穿這些品牌的衣服。莎朗・史東還在一九九六年時穿上Gap的黑灰色高領衫，搭配范倫鐵諾長裙，走上奧斯卡頒獎典禮的紅地毯，並向記者透露自己穿的是Gap的上衣，讓Gap主管全都樂歪了。大約就在這個時候，Gap成為辦公休閒服的代名詞，也順理成章當上新職場制服的正式供應商——每個人上班時都穿卡其褲和素色T恤，看起來就跟穿制服沒什麼兩樣。

後來，突然間情況徹底改觀了，人們似乎開始厭煩了這種沒有特色的制服裝扮。才沒多久前，Gap還能吸引青少年及其家長的青睞，現在，情勢似乎開始逆轉，這兩個世代的人不再是Gap的常客了。二〇〇二年夏天，Gap的主管意識到，討好善變的年輕顧客，反而會趕跑許多先前死忠的年長顧客，無法讓業績有起色。

「我們知道，青少年顧客已經跟我們漸行漸遠了，」Gap的行銷副總裁凱爾・安德魯（Kyle Andrew）對《女裝日報》（*Women's Wear Daily*）這樣表示：「我們希望能繼續服務那些了解我們、也喜愛我們的消費群。」安德魯這番話，等於是代表公司向年長顧客致歉，而且Gap也隨即推出了一支主打年長顧客的廣告，懇請年長顧客回心轉意。

在這支廣告中，打出「Gap，獻給每一個世代」（For Every Generation: Gap）的口號，還邀請不同世代的音樂人和名人同台助陣：老牌鄉村歌手暨作曲家威利・尼爾森（Willie Nelson）搭配年輕創作才子萊恩・亞當斯（Ryan Adams），影壇大姊大珍娜・羅蘭（Gena Rowlands）與年輕女星莎瑪・海耶克（Salma Hayek）搭擋，實力派女星西西・史派克（Sissy Spacek）則是跟正妹歌手娜塔莉・英寶莉亞（Natalie Imbruglia）一起亮相，共同隨著動感音樂微笑起舞。

可惜，這個行銷策略並未奏效。Gap的營業額持續暴跌，到二〇〇二年底時，營業額連跌二十九個月不見起色，是Gap成立以來業績表現最糟的一次。「要確定Gap的目標顧客是很難的事，」一位零售分析師對Gap的做法嗤之以鼻：「Gap把所有人都當成顧客，但是當你想討好每個人，最後反而會一無是處。」Gap已經放棄廣大的中間市場，因為他們一心只想要找回流失的年輕顧客群，但是等到Gap明白錯了，回過頭來再千方百計想找回中間消費層的顧客時，卻發現這塊市場再也不存在了。

那些「眾人皆知，卻無人喜愛」的品牌……

這本書就是要告訴大家，接下來這些年的大趨勢：「把產品賣給所有人」的策略再也行不通了，想討好全部人的企業，最後反而誰也沒討好到。

無論哪個行業，中間消費層都在快速凋零。這個現象，已經影響了我們大多數人的生活。從我們的自我認同到選購商品，從我們觀看的電視節目到翻閱的報章雜誌，從我們在政治人物那裡接收到的訊息，到我們尋覓伴侶的方式，全都因為中間消費層的消失而悄悄改變了。我們正目睹一個嶄新的世界冒了出來，在這個世界裡，每個人都想與眾不同，每樣東西都有自己的利基。

我們可以利用生態學來說明這種思維。社會科學家往往認為，我們人類位居食物鏈的頂端，世事萬物都以人類這萬物之王為中心。但生態學家卻不這麼想，他們認為，在包羅萬象的生態系統中，人類只是其中一個物種而已，在這個系統中有各式各樣的生物，沒有哪一種生物能掌控整個生態系統。

現代生態學開山始祖的查爾斯・達爾文（Charles Darwin）在其著作《物種起源》（*On*

the Origin of Species）中，率先將植物和動物視為一個個不同的「族群」。

要追蹤這些族群，生態學家們必須找出這些族群的「利基」。每一個物種的利基，都跟各自的築巢處及如何融入周遭生態系統有關，換句話說，與物種本身棲居何處、吃什麼維生息息相關。

今天，我們全都邁入一個與生態系統相當類似的新環境中。過去，我們的消費被少數大企業掌控，我們是任由大企業擺布的消費者，他們知道我們是誰，也把我們的喜好摸得一清二楚，拿著同樣的東西餵飽我們。不過今天，市場上的每一個物種似乎都展現了不同的喜好，想要不同的東西。

很多大企業開始不知所措，Gap的情況就是如此。幾十年來，Gap就像一隻重達八百磅的大猩猩，在這種新生態系統中跌跌撞撞，欠缺清楚明確的利基，一路走來只有挨打的份。

這是一個很重要的現象。因為照理說，這些大企業決定了我們的主流文化。二十世紀中期那幾十年才出現的「主流」（mainstream）一詞，通常用來表示流行或占優勢的人事物。在全盛時期，主流文化是一股迅速變動且活力十足的勢力，影響範圍幾乎無遠弗屆。尤其重要的是，主流文化開發了一個「全民參與」的中間地帶。

然而，最近這幾十年內，這個中間地帶已被破壞，大企業也因此遭受重創，再也難以徹底復原。

面對這個變化，大企業不是不夠敏捷，對市場反應遲鈍，就是沒有好好釐清自己的市場定位，就像Gap一樣，被困在中間地帶，淪為眾人皆知、卻無人喜愛的品牌。這些企業用盡全力適應新的環境，其中有些還拚命垂死掙扎，不顧危險把產品線擴大延伸，想把所有顧客一網打盡；有些則聘請市調專家，運用各種方法，找出特定區隔的目標顧客群。更大膽的大企業，甚至打出「反主流文化」的訴求，鎖定以往跟主流文化作對的次文化。目前為止，這些業者奮力脫困的下場好壞參半，但我們可以確定的是，想要一網打盡所有顧客的做法，成果並不如預期。

找到你的小眾，就能找到活路！

中間消費層的流失，我搞不好也有點責任。二〇〇〇年、也就是Gap開始因為中間消費層流失而奮力一搏時，我正好就在幫這些大企業跑腿，而且我還加入紐約那些趨勢觀察家的行列，努力幫大企業找出迅速獲利的各種方式。

跟其他趨勢觀察家一樣，我受聘協助大企業去研究他們的消費者。我的職稱是「未來學家」，但老實說有誇大之嫌。大多數時間裡，我所做的不過就是運用不同方式劃分消費者，希望能預測閱聽眾在近期內的行為而已。

大企業需要我們這種人的協助，這一點其實也有意思，這意味著：他們自己也不知道自己的顧客是誰。於是他們只好以所得、年齡、教育程度、性別和種族，做為區別顧客的特性；然後付錢給民調業者和市調機構，深入人群進行小樣本的抽樣調查，找出有什麼能讓大家都心動的答案。這些大企業提供我們許多有趣的資料和情報，讓我們著手開始工作，我們做出的許多預測，可說是追蹤社會變遷的重要嘗試。不過坦白說，有很多預測都是我們杜撰出來的。

回想起來，當初我們根本就鎖定了錯誤的目標，或許也找錯了方向，因為當時我們並不知道，網路社群的興起會對大企業帶來全新的威脅。在新形成的市場生態中，嶄新型態的企業讓大企業們左支右絀，蠶食大企業的市場。

網路的出現，讓人們能更精準地找尋自己想要的東西，也有更多商品可供選擇。在這種新環境裡，各種大大小小稀奇古怪的事物紛紛出籠，我們聚集在自己發現的新天堂裡，這些新天堂，比大企業更能迎合我們想要與眾不同的渴望，其中，有很多企業還自豪地與主流文化劃清界限，自成一派。

主流文化的瓦解，原因當然不只如此。過去，主流文化有社經政治生活做為堅固的基礎；在全盛時期，主流文化不但影響我們買什麼，也影響我們看什麼書、觀賞什麼電影和電視節目。主流文化，讓我們有志一同。但是今天，當基礎開始鬆動，主流文化卻相對顯得傲慢、反應也超級遲緩，在手腳更敏捷的新物種入侵時，自然很容易淪為犧牲者。

不過，要在這種市場新生態中生存下來，光有「適應」市場的能力還不夠，能迎合市場需求，才有活路。

更重要的是，企業想要存活，就要找出自己強烈認同、並願意好好開墾的一塊樂土。企業必須找到自己清楚明確的利基，讓消費者輕易就能找到你，這樣，生意才會源源不絕地上門。無法做到這一點的企業，最後就會跟瀕臨絕種的生物一樣，走向滅亡。

I

亂世佳人大賣，星巴克橫掃

做對了，小眾就會成為大眾

各行各業都在想盡辦法打進小眾市場。
要怎樣改善，才能打動小眾消費者的心呢？

二〇〇九年，是大企業大規模挫敗的一年。

在英國大街上，這個態勢明顯可見。知名商店一家接一家倒下，老店紛紛宣告破產，原本生意興隆的店面全都結束營業。當年公布的一項調查估計，零售店面閒置率高達一五％，有些城鎮鬧區的店面閒置率更是驚人，每五家店面中就有兩家店面閒置不用，讓許多城鎮變得跟鬼城沒兩樣。

尤其是英國百年零售老店伍爾沃斯（Woolworths）突然歇業，對這些城鎮的街道景象衝擊最大，市區街道頓時變得空盪盪。在英國人的記憶裡，伍爾沃斯連鎖商店一直是英國大街上最出名的店家之一，但在業績大幅下滑、負債高達三億八千五百萬英鎊的情況下，旗下八百家分店只好在二〇〇九年一月五日吹起熄燈號，從此步入歷史。

在伍爾沃斯結束營業後的那幾個月，英國地方媒體和全國媒體開始掀起一股悼念這家百年老店的風潮，網路論壇中有幾千名網友不辭辛勞地寫下自己的心聲，要跟這家百年老店道別。我們不難理解人們為什麼那麼喜歡伍爾沃斯，畢竟它曾是英國大街上人人都會上門光顧的店家，許多英國人和愛爾蘭人就在這裡有了購物的初體驗。

我自己就在一九八〇年代初期，在伍爾沃斯於北愛爾蘭首都貝爾法斯特市中心的分店，買了生平第一張唱片，後來搬到倫敦念書時，也是在當地的伍爾沃斯選購生平第一套餐具。那個年代，大家都會去伍爾沃斯買東西，要是你想要什麼卻在其他地方找不到，伍爾沃斯一定不會讓你失望。店裡什麼都賣，從鑽孔機、鬧鐘、跳繩和平底鍋，到鞋油、窗簾、拖把和安全別針，還有油漆刷、枕頭套、燙衣板、蠟燭、熱水瓶，以及離子燙髮器、呼拉圈、麵包盒、水桶和鏟子……，所有你想得到的東西，那裡都能找到，狹窄走道兩旁堆得老高的商品，營造出一應俱全的完美景象。

悼念伍爾沃斯的風潮持續延燒。二〇〇九年夏天，一些伍爾沃斯店家由藝術家接管，七月初的某個星期天，我到東倫敦雷頓斯東大道的伍爾沃斯參加一場悼念大會，當地五十五位藝術家聚集在此，以自己在伍爾沃斯工作和購物的紀念作品來向這家店致敬。參與這場盛會的人士也都跟著這樣做，大家在這家店的布告欄貼上便利貼，留下自己緬懷過往的字句，其中一些便利貼是這樣寫的：

伍爾沃斯，我實在好懷念你，不管是需要或不需要的大小東西這裡都有。你的離去就如同結束一段關係那樣讓我難過。

現在伍爾沃斯關門了，沒地方買拉鍊和鈕釦了。

五歲時，我在伍爾沃斯偷了一個紅色錢包。

安息吧，伍爾沃斯。

唉，伍爾沃斯怎麼可以結束營業呢？這樣以後就不能嚇小孩如果不用功念書，長大後只能在伍爾沃斯工作了。

我真的會很懷念這家什麼東西都賣的老店。伍爾沃斯，安息吧。

這次悼念大會取名為「挑挑揀揀」（Pick 'n' Mix）似乎再合適不過。這個詞，原本是伍爾沃斯為店內巧克力和糖果系列商品取的名字，後來變成該公司最出名的商品系列。我記得小時候走進伍爾沃斯，糖果就放在圓形架上一個個桶子裡，顧客自己拿勺子把想要的糖果裝進紙袋，各種口味的糖果應有盡有——可樂糖、梨子糖、五彩軟糖、白巧克力片、草莓夾心軟糖、巧克力葡萄乾、豆豆糖、包裝糖果等等。店內會不時舉辦免費試吃糖果的活動，所以小朋友都會聚集在糖果區等著吃糖果，伍爾沃斯就像是歡迎所有人上門的商店。

活力十足的紐約客，在英國掀起一股風潮……

雖然，這家百年老店自己說是因為全球經濟不景氣而結束營業，可是大家都很清楚，原因不只如此。因為，儘管大家都說很懷念伍爾沃斯，但我在東倫敦那場藝術表演中遇到的人當中，其實大都已經好幾年沒去過伍爾沃斯買東西了。

英國人如此懷念這間百年老店，會讓人誤以為伍爾沃斯跟烤牛肉一樣，都是英國之光。事實上，伍爾沃斯是道道地地的美國企業，是由喜歡雪茄、留著大鬍子的美國農夫之子法蘭克·溫菲爾德·伍爾沃斯（Frank Winfield Woolworth），於一八七九年二月二十二日在家鄉紐約州尤蒂卡（Utica）創立的。

「什麼都有，什麼都賣」這種生意經，可以追溯到中世紀歐洲的頂篷市集，只不過後來這種做法漸漸失寵。到了十九世紀中期，鄉鎮城市裡的零售區是各類小販的聚集地，賣衣服的、賣雜貨的、賣帽子的和賣鞋子的生意人，全都成為自己那一行的專家。

不過，法蘭克·伍爾沃斯相信，「什麼東西都賣」的那種商店一定會再度流行起來，而且是以一種新的方式呈現。當大多數生意人讓顧客討價還價時，伍爾沃斯決定，店內所有商品一律不二價——都賣五分錢，而且對顧客沒有大小眼，不管誰上門都一樣歡迎。

當時，商家通常把商品放在結帳櫃檯後面，顧客根本拿不到，伍爾沃斯則把商品放在商店長長的走道兩側，讓顧客在購買前可以先拿起商品瞧瞧。結果，就創造出「挑挑揀揀」式的販售模式，而且店內所有商品都由伍爾沃斯親自挑選才上架。

不過，伍爾沃斯在紐約尤蒂卡開的第一家店，因為地點離市中心太遠了，所以並沒有成功；但一個月後，他在賓州蘭卡斯特城開的第二家店，馬上吸引了大批人潮，或許是因為伍爾沃斯的雙重定價策略奏效了——店內商品只有兩種價格，就是五分錢和十分錢，這種做法也讓伍爾沃斯成為廉價商店（例如後來的一元商店）的始祖。

伍爾沃斯開設這種廉價商店能如此成功，大都要歸功於他直接跟製造商大量進貨的能力。這不但大幅降低成本，也省去中間商剝削利潤。他的構想，是先吸引顧客上門，然後持續增加店內商品種類，讓顧客養成上門購物的習慣。為了讓路人進來看看，伍爾沃斯還請樂隊和歌手在門口表演，店內則有口風琴樂手在走道裡演奏音樂。

沒多久，人們就養成了到伍爾沃斯賣場消費的習慣。由於當時許多小鎮的大街上只有一家大型百貨店，伍爾沃斯知道要是他加快開店速度，就能壟斷市場。伍爾沃斯在私生活方面似乎也採取同樣的做法，他以講究美食聞名，公寓裡擺滿了各種美食，從龍蝦到香蕉應有盡有，嘴饞時想吃什麼就吃什麼。據說伍爾沃斯有一次前往巴黎時，還包下了下榻飯店的一整層樓，挑選巴黎當地的名妓陪他飲酒作樂。

法蘭克・伍爾沃斯這種挑揀零售商品模式和什麼都賣的雜貨店構想，並不是每個人都歡迎，例如被他害得關門歇業的當地店家就一直氣憤難消。不過事實證明，伍爾沃斯的零售策略相當成功，這個什麼都賣的雜貨店構想，繼續改變人們的購物方式。伍爾沃斯賣的商品價格低廉，做法卻一點都不流俗，有記者在報導中指出，伍爾沃斯打算「以低廉價格提供高級零售商品」。伍爾沃斯把自家文具商品貼上第五大道（Fifth Avenue）商標，讓人覺得商品很高檔，他還把自家香水命名為「巴黎之夜」（Evening in Paris）。到了一九〇〇年時，伍爾沃斯在美國各大城市已經開了五十四家分店，不久後就將營運版圖擴大到國外。伍爾沃斯定期到英國出差，有次出差時在日記裡這樣寫道：「我相信由活力十足的紐約客經營的廉價商店，會在英國掀起一股風潮。」

什麼都想賣，結果反而進退失據……

伍爾沃斯於一九〇九年在英國利物浦開設了第一家英國賣場。店內商品分為三便士和六便士兩種價格，不過一直要到一九三〇至五〇年代，這家店生意才真正開始興隆起來，伍爾沃斯也是在那段期間，開設多家裝置藝術十足的分店。一九三〇年代初期，伍爾沃斯每隔十七天就增設一家英國分店，他的採購實力也隨之大增，採購數量龐大驚人。

至於美國這邊的伍爾沃斯百貨，在一九三〇年時，光是每年賣掉的鉛筆串連起來就有四千英里長；二十年後，賣掉的口香糖就有二億五千萬磅那麼重。在一九六〇到七〇年代，伍爾沃斯持續積極展店，通常是買下競爭對手的店面改成自家店面。一九七九年時，伍爾沃斯已經成為全球第一大百貨公司。

但後來，就如大家所見，幸運女神不再眷顧伍爾沃斯了。一九八〇年代，死忠顧客開始轉向購物中心或大賣場投懷送抱，例如沃爾瑪（Wal-Mart）、好市多（CostCo）、特易購（Tesco）和艾斯達（Asda）連鎖超市。消費者到規模更大的沃爾瑪走一趟，不但能買齊所有想要的食物，還能在寬敞的賣場空間裡找到任何自己想要的東西。與之相較，伍爾沃斯就顯得左支右絀，疲態呈現了。更何況，消費者也可以在網路超市採買，網路超市裡幾乎想買什麼就有什麼。至於那些還是習慣在大街上購物的人，則會選擇造訪一英鎊商店（Pond-land，在英國）或一元商店（Dollar General，在美國）這類新型態的折價商店，這些商家仿效伍爾沃斯的同一售價策略，卻更受消費者青睞。

伍爾沃斯連鎖百貨在英國結束營運後，人們開始分析這家百年老店走向滅亡的原因。其實，原因不難理解：這世界已不再需要這種商店了。在伍爾沃斯連鎖百貨繼續營運之際，超市、購物中心和網路零售業者已經搶攻市場，他們的規模大到足以提供各種品牌和商品，形成各種商品一應俱全的世界。相較之下，伍爾沃斯規模不夠大，也沒有鎖定特定類別的商品打價格戰，結果被困在中間地帶進退失據。

我們一邊花錢，一邊把自己變成普羅大眾……

在英國，伍爾沃斯連鎖百貨並非二〇〇九年倒下的唯一大企業；不久後，娛樂零售商大型影音連鎖超市「雜味」（Zavvi）在一月底開始結束分店營運。在美國，通用汽車公司

（General Motors）於同年六月申請破產保護；七月，全球讀者最多的雜誌《讀者文摘》（*Reader's Digest*）也申請破產保護。長久以來，我們樂於接受他們提供的商品；但到最後，消費者開始設法逃出他們的手掌心。

仔細回想起來，到底當初消費者為什麼會落入大企業的掌心？後來又是如何逃出的？弄清楚這些問題的答案是重要的，因為從伍爾沃斯連鎖百貨這類大企業的興衰，我們就能了解大眾市場和主流文化是怎樣崛起與沒落的。

一九八〇年代初期時，我如果沒出現在伍爾沃斯的糖果區，就是在家看電視。記憶中我看的第一部電影是《亂世佳人》（*Gone with the Wind*），片中描述的是一個喬治亞州女孩如何在美國南北戰爭烽火時期，從驕縱任性的女孩蛻變為成熟獨立的女人。這部片子老少咸宜，我記得我們是全家一起看的，我爸都快睡著了卻還勉強瞇著一隻眼，我妹跟我蹲在電視機前認真盯著螢幕，我媽則在對白還沒出現時會興奮地搶先背出對白：「親愛的，坦白說，我根本不屑一顧。」和「你看，大火球。」

這部片子在一九三九年上映時，算是好萊塢最野心勃勃也最大手筆拍攝的一部片：不但拍片成本最高，將近四小時的片長，也讓它成了影史上最長的電影之一。不過這一切都不是問題，因為這部片隨後也成為史上最受歡迎的影片。《亂世佳人》剛上映時，當時的美國人口是一億三千萬人，這部片子打破所有官方紀錄，一舉創下了二億二百萬張票的票房佳績。在勁敵環伺的當年，它跟《綠野仙蹤》（*The Wizard of Oz*）、《人鼠之間》（*Of Mice and Men*）、《關山飛渡》（*Stagecoach*）等強片角逐奧斯卡金像獎，一舉拿下包括最佳影片獎在內的八座獎項，打破了當時的紀錄。

《亂世佳人》是適合在電影院裡觀賞的大場景巨作，我們很難想像，當初影片上映時人們有多麼興奮。當時沒有數位影音光碟或網路下載這些玩意，去看電影就跟看馬戲團表演一樣——一旦錯過，就要再等上好幾年才看得到。在電視普及以前，好萊塢這些片商巨獸們多年來一直有辦法讓人們乖乖掏錢買票看電影。

《亂世佳人》的上映也象徵著片廠體制年代的來臨，好萊塢的五大片廠包括：投資傳奇製片人賽茲尼克（David O. Selznick）拍片的米高梅、派拉蒙、華納、二十世紀福斯及RKO，這五大片廠從頭至尾掌控整個電影製作事業，不但製作電影也參與電影配銷業務，後來還開設自家電影院，整個事業規模相當龐大。舉例來說，拍攝《亂世佳人》就跟工業生產沒兩樣，也跟工廠裝配線一樣錯綜複雜。根據一九三九年三月十九日《美肯電訊》（*Ma-*

con Telegraph）的一篇報導：「片廠的情況令人瞠目結舌，攝影機不必再靠手費力操作，而是靠電力。賽茲尼克國際製片公司一天的用電量，就足以照亮一個小城市。」《亂世佳人》這部片子用了幾千名臨時演員，還使用特藝彩色（Techincolor）這種剛問世四年講究華麗的電影技術，比方說，在請來費雯麗（Vivien Leigh）擔任女主角前，就先調動好萊塢可用的十二台特藝彩色攝影機，以史詩手法描繪亞特蘭大受戰火蹂躪的場景。

《亂世佳人》的驚人成功，不只是拜電影技術所賜，也要歸功於一九三九年時大量生產技術的普及。打從十九世紀初期以來，人們離開鄉下進城到工廠上班，每天花很長的時間工作著，這些工人要穿衣吃飯，所以工廠得大量生產衣服和食品來滿足這些需求。針對大眾生產出一樣的物品，意味著工廠老闆必須找出市場規模可觀的共同基準，比方說在一八六〇年代時，美國服飾業從業人口中有三分之一都喜歡蓬蓬裙，換句話說，許多美國女性一定發現自己跟別人穿著一樣的衣服。

不久後，這些鄉下來的工人開始為自己找一些樂子，於是電影院——這種為大眾消費設計的工業文化新產物——就應運而生了。一八九五年，盧米埃（Lumière）兄弟在巴黎一間咖啡館，收費放映人類史上的第一部電影，這部紀錄片的片長只有四十五秒，拍攝的是工人離開里昂盧米埃工廠的情景。不過，消費大眾在四十年後才有錢有閒真正享受電影的樂趣，《亂世佳人》的推出剛好躬逢其時。

《亂世佳人》引起眾人的共鳴，幾乎所有人都為之著迷：女性觀眾欣賞女主角郝思嘉從驕縱任性的南方社交菜鳥，蛻變為獨立自主、生氣蓬勃的紐約企業家；即使片中沒有慘烈的戰爭畫面，一些血腥和英勇蠻幹的情節還是讓男性觀眾看得熱血沸騰；而儘管當時青少年觀眾不是這部片主要鎖定的對象，但這部片結合的父權主義、浪漫愛情和郝思嘉對女權主義的堅持，卻深深打動少女們的心。加上整部片以史詩般的作品呈現，運用全方位的敘述，超越一般浪漫歷史片，讓它成為人人喜愛的一部電影。跟伍爾沃斯在二十世紀那幾十年迅速展店的做法類似，《亂世佳人》採用挑挑揀揀的方式審慎篩選各種元素，也讓這種做法隨即成為美式傳統風格。

《亂世佳人》吸引了每個觀眾，就這點來說，它堪稱是一部佳作，但其實這部片一點特色也沒有。不過，影評人大衛・湯森（David Thomson）倒是對這部片相當傾心，還幫這部片拍攝紀錄片。我打電話到他位於舊金山的住家找他時，他馬上懷念起那整個時代並跟我說：「一九三〇年代到四〇年代那段期間，有許多老少咸宜的電影受到大眾歡迎，每個人都能從電影不同情節找到共鳴，現在這種電影卻很少見了。」像《亂世佳人》、《綠野仙蹤》和《費城故事》等片，劇情既不暴力，也不會讓人感到不舒服，片商也樂意配合官方電影檢查分級制度，把性愛相關情節剪掉。雖然這類影片進口到英國時被歸類為普級（U certificate），卻不表示這是劇情簡單、只以兒童觀眾為訴求的影片，而是適合所有觀眾觀賞的影片。

當年，這些老少咸宜的影片不但打動我們每個人，也把我們變成一群普羅大眾。

把書和糖果、衣服擺在一起賣，意外引發書的革命……

這樣講一點也不誇張，只不過我們會如此，也不是光靠電影。早在《亂世佳人》成為史上第一大片前，瑪格麗特．米契爾（Margaret Mitchell）撰寫的原著小說《飄》，在一九三六年出版後就已經賣翻了。後來因為《亂世佳人》電影叫好叫座，這部原著小說繼續賣出三千萬本，其中有二千萬本是以「平裝書」這種平價新格式出版的。

一如製作電影的技術，製作大量書籍的設備問世已有半世紀之久，卻一直要到一九三〇年代才找到廣大的消費群。大眾市場上賣的平裝書，就是要以量制價，讓一般人都買得起。

不過，為了靠大量印刷維持低廉價格，出版商必須找到新的零售通路才行。在英國，伯德利．赫德（Bodley Head）出版社主管亞倫．蘭恩（Allen Lane）為他旗下的平裝書設計了新的規格，每種規格以特定的顏色代表，例如橘色代表小說、綠色代表犯罪小說、深藍色代表傳記。

蘭恩也在平裝書上蓋上出版社的名稱：企鵝（Penguin）。他在一九三五年七月，率先出版十本平裝書，包括英國浪漫小說家瑪莉．韋布（Mary Webb），以及康普頓．馬肯齊（Compton Mackenzie）、桃樂絲．榭爾絲（Dorothy L. Sayers）等人的小說，還有大文豪海明威的經典作品《戰地春夢》（*A Farewell to Arms*）。但如果要打平成本，每本書至少得賣出一萬七千五百本。因此，在這些書問世前那幾個月，蘭恩為了確保能爭取到半數預購訂單而四處奔波。一九三五年六月，蘭恩終於說服當時正在積極展店的伍爾沃斯，取得一張規模可觀的訂單。企鵝出版社的平裝書每本訂價六分錢，大家都買得起，伍爾沃斯把書跟糖果、衣服和其他物品擺在一起賣，結果，企鵝出版社不但因此開闢一條生路，也引發書籍銷售的革命，讓家家戶戶都買得起書，這可是前所未見的事。除了在伍爾沃斯鋪貨外，蘭恩的書不久後開始進駐機場和車站的賣場，努力開闢新通路並增加新的購書群眾。

早在蘭恩出版平裝書前，企鵝出版社在美國平裝書市場就已經有了一位競爭對手：曾經從事文案工作、後來成為傑出經濟學家的哈利．謝爾曼（Harry Scherman）。謝爾曼相信，適合大眾閱讀的平裝書是有市場的，只是有待開發，他也相信要開發這塊市場，最好不要透過傳統書店。相較於蘭恩透過一般零售業者來販售企鵝出版社的平裝書，謝爾曼則是以郵購配銷方式賣書。

一個打造「中產階級趣味」的年代

每月一書俱樂部（Book-of-the-Month Club）於一九二六年成立，誓言要為大眾挑選好書。為了落實這項使命，謝爾曼宣布設立書評小組或專家小組，由每月一書俱樂部聘請文學專業人士挑選出「當月出版的好書」。只要訂戶購買一定數量的書籍，每月就能收到專家推薦的好書，不想買的話還可以免付費寄回，每月寄送的包裹中還附上列有其他書籍的書訊目錄供訂戶選購。起初，謝爾曼遭到出版業者的一片撻伐，出版業者擔心，謝爾曼會搶走他們的生意。不過，謝爾曼成立的每月一書俱樂部深受大眾喜歡，人氣越來越夯。一九二六年成立時訂戶不到五千人，隔年年底訂戶人數就激增到六萬人，一九二九年年底時更逼近十萬人。到一九三六年時，每月一書俱樂部成為極具影響力的時尚潮流開創者，《飄》這本書剛好被選為每月好書，為這本書打進大眾市場助了一臂之力。

蘭恩跟謝爾曼兩人努力要做的，是幫讀者挑選讓人讀來津津有味又有益心靈的好書。他們吸引新型態的購書者——這群人，就是所謂的一般讀者，他們愛書，也會定期被說動願意買書。

就跟零售業和好萊塢製片廠的大企業一樣，每月一書俱樂部和企鵝出版社把我們握在手掌心，拿他們認為我們會喜歡的東西、也就是拿那些大量生產的商品來餵飽我們。

問題是，這些大量生產的商品，究竟有什麼內涵呢？

米契爾的小說《飄》不算低俗，但老實說也不是什麼了不起的巨著，許多書評家甚至不知道該如何評論這本書。雖然它贏得了普利茲文學獎，可是就連最寬厚的評論家，都認為這種濫情的故事實在無法跟傑出的文學作品相提並論。賽茲尼克以這本原著小說為藍本，製作成電影《亂世佳人》，請來好萊塢最棒的編劇和導演團隊共同操刀（連同知名作家費茲傑羅〔F. Scott Fitzgerald〕在內，共有十五位編劇參與）。雖然動員大批人力精心拼湊，這部影評家口中「為觀眾精心打造的大片」似乎過於流俗，稱不上是藝術之作。

不久後，文化觀察家就針對這種現象，創造出一個新字眼：中產階級的趣味（middlebrow）。中產階級的趣味像一道橋梁，銜接文學品味和大眾市場需求，將高尚文化和前衛元素與大量生產的技術結合在一起，創造出一種大家都喜歡的混合物。

從黃色笑話到酒吧男性戴紳士帽的比例——筆記中

在英國，大眾觀察（Mass-Observation）於一九三七年成立，宗旨是研究英國大眾的日常習性與行為。

這個機構的其中一位創始人湯姆・哈瑞森（Tom Harrisson）是鳥類觀察家和博物學家，他所受的訓練剛好可以協助「大眾觀察」這個組織精通某些技術。約翰・凱里（John Carey）在其著作《知識分子與大眾》（*The Intellectuals and the Masses*）中寫到，哈瑞森在伯頓（Bolton）的研究據點，召集五百名觀察志工混進人群中，不動聲色地回報當地民情——包括「足球六合彩賭盤、黃色笑話、個人衛生習慣、酒吧裡男性戴圓頂紳士帽的比例。觀察志工奉命在確認觀察樣本時，使用一種客觀標記法」。

同樣在這十年內，美國統計學家喬治．蓋洛普（George Gallup）也將他開發的新抽樣調查技術加以調整，為廣告客戶調查大眾意見，並於一九五八年將自己旗下不同的民調機構合併成單一組織，定期調查美國大眾的意見。新聞記者凡斯．派卡德（Vance Packard）在一九五七年出版的暢銷書《隱形的說客》（*The Hidden Persuaders*）中，揭發美國廣告業使用的種種做法，他在書中透露：「那十年內社會學家的人數激增，合格心理學家也至少有七千位之多。」到了一九六〇年，出現了許多拿著板夾的民意調查人員、選舉學專家、流行文化社會學家和公關大師，四處蒐集大眾行為的相關資訊。

評論家德懷特．麥克唐納（Dwight MacDonald）就抨擊這種現象，並率先稱這些人為「問卷社會學家」（questionnaire sociologist），譴責他們根本不把民眾當人看，而是當成統計資料看待。他們「貶低大眾，把大眾當成等著醫學院學生解剖的大體，同時又百般討好大眾，把大眾當成現實標準，迎合大眾的喜好和想法」。

麥克唐納說的沒錯，大企業當時的確野心勃勃地計畫著善用這些資料。比方說，有些大企業開始利用這些資料，依據所得、地理位置、性別和教育程度將顧客劃分為不同區隔，這樣就能向顧客推銷更多東西。

明明是大企業，卻把自己當成賣冰淇淋的小攤車……

然而到了一九八〇年代初期，也就是我在電視上看到《亂世佳人》時，這部片受眾人喜愛的時代正要步入尾聲。

包括葛羅莉亞・史坦能（Gloria Steinem）在內的女性主義者，抱怨這部片中無恥的「強暴」情節：白瑞德在樓梯粗暴地對待郝思嘉，把郝思嘉硬拖到房間裡。艾莉絲・華克（Alice Walker）等人權分子則抗議這部片子公然種族歧視，把黑奴描述成快樂的笨蛋。

對好萊塢製片廠來說，觀眾也在流失。一九七一年，《綜藝》（*Variety*）雜誌宣布，美國每週上電影院看電影的人數創下史上新低紀錄，只有一千五百八十萬人。但是這些片廠繼續仰賴大規模的行銷和商品化活動，設法吸引觀眾進電影院看電影。一九八〇年代，許多新影城於美國城鎮郊區出現，這些影城就好像在輸送帶末端接收一部又一部俗不可耐、很快被人遺忘的系列電影。拿一九八九年來說，電影院常客可以選看的是這類影片：《致命武器2》（*Lethal Weapon 2*）、《魔鬼剋星2》（*Ghostbusters II*）、《功夫小子3》（*The Karate Kid, Part III*）、《回到未來2》（*Back to the Future Part II*）、《半夜鬼上床5》（*A Night-*

mare on Elm Street 5）、《星艦奇航記5》（*Star Trek V*）、《13號星期五8》（*Friday the 13th Part VIII*），以及《金牌警校軍6》（*Police Academy 6*）。

一九九八年上映，由詹姆斯．卡麥隆（James Cameron）執導的《鐵達尼號》（*Titanic*），算是好萊塢挽救頹勢、打動各年齡層觀眾的原創影片之一。這部片運用《亂世佳人》那種史詩規模，將通俗劇與先進特效技術結合，最後製作出相當壯觀的場面，《鐵達尼號》光是在美國就締造六億美元的票房，勝過《星際大戰》或《*E.T.*》，成為當時最成功的影片。

不過，要製作這種片子已經越來越困難。監督整部片製作過程的二十世紀福斯公司執行長比爾．麥坎尼克（Bill Mechanic），就在這部片子發行那年感慨地說，這種電影即將絕跡：

> 《亂世佳人》上映時，整個體制更容易掌控，當時看電影占人們休閒活動的九成，現在卻可能只占一成，所以電影業者必須跟其他媒體勢力一較高下。……為了努力從眾多媒體中脫穎而出吸引到大多數觀眾，反而破壞了整個作業。這種構想讓片商忽略電影的本質，因而拍出看起來像電影、聽起來像電影、有電影感覺的影片，但是等到觀眾進了電影院，卻發現影片內容根本無法打動人心。

麥坎尼克的意思是，電影院已經失去吸引電影常客注意的獨占性，此後將逐漸走下坡。

不過從某些方面來說，麥坎尼克跟其他電影公司的老闆們只能怪罪自己，電影界如今落得這種下場都是他們一手造成的。當電影大亨都想爭奪一般觀眾，想把觀眾一網打盡時，他們推出的電影，最後只能淪為情節老套的通俗片。換言之，這些大電影公司把自己當成了冰淇淋小販，紛紛擠在海灘中央擺攤，因為他們認為得這樣，四面八方來的遊客才會看到他們。

廣告越打越凶，產品卻越來越假

在全盛時期，通用食品公司旗下擁有美國人最喜愛的許多主流品牌，麥斯威爾（Maxwell House）咖啡就是其中之一。

這個咖啡品牌在二次大戰期間開始聲名大噪，當時即溶咖啡粉很受美國駐外軍隊的歡迎，這些人回國後，麥斯威爾咖啡就成為美國最受喜愛的品牌之一。往後數十年內，麥斯威爾咖啡跟競爭對手咖啡烘焙大廠佛吉斯（Folgers）和希爾兄弟（Hill Bros），掌控美國咖啡市場的大宗消費。

不過後來，麥斯威爾咖啡的品質逐漸走下坡。為什麼會這樣，原因不難理解。

咖啡豆主要分為兩個品種，即阿拉比卡（Arabica）咖啡豆和羅布斯塔（Robusta）咖啡豆。阿拉比卡咖啡豆的香氣濃郁，能製作出最香醇的咖啡，但是這種咖啡品種容易受氣候影響又不易抵抗病蟲害，所以栽種成本較高。羅布斯塔咖啡豆猶如其名，韌性強且適應性強，栽種成本較低，價格也較便宜，但是這種咖啡豆缺乏香氣又略帶苦味，口感比較差。

一九五三年，巴西因為嚴重霜害，幾乎所有咖啡作物都遭到破壞，造成阿拉比卡咖啡豆價格暴漲。麥斯威爾和美國其他咖啡烘焙大廠只好採取因應策略，在自家產品中添加一些羅布斯塔咖啡豆。

但是，似乎沒有消費者察覺此事，所以，下一次咖啡作物歉收時，業者們乾脆添加更多羅布斯塔咖啡豆充數。為了確定這麼做不會流失生意，麥斯威爾還舉辦口感測試，聲稱咖啡飲用者無法喝出差別。

問題是，沒多久之後，咖啡飲用者開始悄悄變心了。在一九六〇年代，美國年輕人開始不喝咖啡，改喝可口可樂和百事可樂這類清涼飲料。馬克・潘德葛拉斯（Mark Pendergrast）在其著作《咖啡萬歲》（*Uncommon Grounds*）中提到，一九六二年到一九七四年那段期間，美國人均咖啡消費量從每天三・一二杯，減少到每天二・二五杯。

但是美國咖啡大廠回應的方式，竟是在產品中添加更多的羅布斯塔咖啡豆，進一步降低成本，同時砸大錢在電視上打廣告。

麥斯威爾在一九七八年播出的一支廣告，就以名為蔻拉的年長雜貨店老闆當主角，她說自己店裡只賣麥斯威爾咖啡。「當你只有一個架位擺放一個品牌的產品，」蔻拉跟美國數百萬名觀眾這樣說，「選擇就容易多了。就像他們說的，麥斯威爾，滴滴香醇，意猶未盡。」這支廣告的選角其實有點好笑：觀眾有可能認出廣告中那位親切的雜貨店老闆娘蔻拉，就是在《綠野仙蹤》扮演西方壞女巫的瑪格麗特・漢彌爾頓（Margaret Hamilton）。

這樣做當然沒有用。美國人慢慢改掉喝即溶咖啡的習慣。一九七五年巴西爆發另一次霜害，讓阿拉比卡豆收成再度銳減，所有咖啡烘焙大廠把更多的羅布斯塔咖啡豆添加到自家產品中。十年後、也就是一九八五年時，麥斯威爾又把更多帶有苦味的羅布斯塔咖啡豆，加進自家即溶咖啡商品裡。到了一九九〇年代中期，情形更顯而易見了：掌控美國咖啡業的烘焙大廠已經放棄生產高品質產品，並開始比誰家的咖啡品質更爛。他們花更多錢打廣告，咖啡卻越來越難喝。

後來，卡夫食品（Kraft Foods）對旗下麥斯威爾即溶咖啡所做的調整，其實就是企管學者所說的「價值工程」（value engineering）。所謂價值工程，說穿了就是拙劣地修補產品，以壓低生產成本。如果你長大後發現，從小喜愛的許多主流商品好像都縮水了，不然就是口味跟以前差很多，往往就是因為這些商品都經過「價值工程」的洗禮。

有時候，廠商還不是暗地裡偷斤減兩，而是明目張膽地做。比方說雀巢咖啡（Nestlé）就在二〇〇八年，公然進行了一項價值工程，直接把Rolo巧克力糖從每包十一顆減少為十顆。同年，吉百利（Cadbury）也把他們的牛奶巧克力（Dairy Milk）的重量，從每條二百五十克減少為二百三十克。

更常見的做法，則是偷偷降低產品原料的成本。以卡夫食品生產的即食乳酪通心粉（Kraft Macaroni & Cheese）來說，這款知名產品是在一九三七年時由聖路易市一名推銷員發明的，後來成為美國最有名的產品之一。不過在一九九〇年代晚期，卡夫食品的主管和食品科學家開始在成分和製程上動手腳：為了達成每年將成本節省二%或三%的目標，他們沒有沿用一九九七年以前的乾乳酪和酸奶配方，而是改用一種成本較低的乳酪菌種。

「如果你仔細看看目前產品包裝盒上的成分表，」零售分析師麥可．席維斯坦（Michael

J. Silverstein）與約翰．布特曼（John Butman）在二〇〇六年合著的《便宜是好事》（*Treasure Hunt*）中指出，「你會發現成分表中根本沒有『真正的』乳酪，原因或許是真正的乳酪太貴了。現在，這項產品是用乳酪菌種、乳清、乳脂、乳蛋白濃縮物、鹽、碳酸鈣、三聚磷酸鈉和其他成分製成的。包裝盒上說卡夫即食乳酪通心粉『乳酪味最濃』，到現在為止，許多顧客似乎還是很喜歡這項產品的口味。不過，如果你有辦法把現在的產品跟一九九七年那時採用『貨真價實的』乾乳酪和酸奶製成的產品做比較，或許就能吃出口感上的差異。」

二〇〇七年七月，卡夫食品終於重新更改麥斯威爾咖啡的配方，只以阿拉比卡咖啡豆做為咖啡原料。同年，該公司的一位發言人跟我說，卡夫食品也在即食乳酪通心粉添加「更多乳酪」，以改良品質。現在，卡夫食品每天在美國仍舊賣出超過一百萬盒的即食乳酪通心粉，這項產品依然讓公司獲利可觀。

老在賣廉價沒特色的商品，顧客又怎會上門？

面臨形勢威脅及消費群逐漸流失，有些主流大企業乾脆擴大產品線。他們想用更低廉的成本，吸引更多消費群。

離我住處只有幾呎遠的倫敦老肯特路（Old Kent Road）上，就有一家特易購超市，名為特易購南華克分店（Tesco Southwark），占地廣大且商品應有盡有，足以滿足整個倫敦市區的需求，進入賣場幾乎可以購足一週所需。這裡不但有各式各樣的產品，每種品項也有不同價位的產品可供挑選，就拿食品和飲料來說，就有特易購物美價廉的自有品牌、各種主流品牌、以及特易購自有品牌的精品等級。在這家特易購旁邊的，是一家專門以超低價格販賣小東西的九九分錢商店（99p store），在窮人聚集的舊城區，這類平價商店確實生意興隆。

像特易購南華克分店這類的超市很受歡迎，因為占地夠大，商品一應俱全。這類超市一直努力創造一種購物環境，讓消費者可以自在的隨處閒逛，找到符合自己所需價位的商品。

像麥斯威爾這類中間等級的知名品牌，以往被視為是品質和可靠的保證，所以能自豪地在商店架位上稱霸；但在特易購超市裡，現在卻得跟更多的其他商品共享架位。在這種新環境裡，許多主流品牌既不夠便宜，品質也未必比其他品牌好到哪裡去，消費者何必特別挑選這類商品呢？結果，這類商品就因為品質和價格都不上不下，而被困在中間地帶。

受困中間地帶的，不只是超市架位上的產品，擺放這類商品的店家自己，也同樣面臨了麻煩。

看到英國大街樣貌的改變，讓我不禁好奇特易購超市出現前，從我門口望去的老肯特街是什麼模樣。於是，我特地去附近圖書館找答案。在大檔案櫃上，我發現一個檔案，裡面有圖表和照片，記錄了那排商店在這幾百年的改變。原來，以前那裡曾經是糕點廠、穀倉、內睡衣店、肉商、鞋店、蔬果店、五金行、酒吧、菸草商、花店、藥局、帽子店和服飾店。

從一九七八年拍的一疊黑白照片中，可以看出許多店家都把店面賣掉，改成現在早就被世人遺忘的荷蘭屋（House of Holland）和庫珀斯（Coopers）這類百貨商店。當時在這一排商店中間，也就是現在特易購超市所在的老肯特路三二五號，就是伍爾沃斯連鎖百貨。不過就在幾年後，伍爾沃斯也倒了。

如同我們所見，伍爾沃斯回應新超市競爭者的方法，就是增加店內商品種類，希望能藉此吸引更多顧客上門。但是當伍爾沃斯透過增加商品種類拉大戰線，希望在市場中間地帶占有一席之地時，卻反而因此受困。伍爾沃斯絕不可能成為一家超市，就算在短期內能提振營業額，卻壞了自己的名聲——就像大食品公司禁不起利誘，在產品成分上動手腳以降低成本，伍爾沃斯也受利潤所驅，在商品種類上動手腳。最後店內商品不是廉價品就是毫無特色的商品，就這樣，被困在市場中間地帶，終究被市場無情地淘汰掉。

接下來我們會看到，網路時代的來臨，讓人們更容易取得大量資訊，也更容易脫離市場中間地帶，找到更物超所值或品質一流的產品。不過，早在我們開始花時間上網前，鎖定中間市場的零售業者，就已經發現自己大事不妙了。

星巴克啟示：提供優質與獨特的體驗，才是好生意之道

其實，並不是所有大企業都束手無策。舉例來說，高品質咖啡市場就沒有完全消失。在二次大戰後那些年，許多大都市裡還是咖啡館林立，認真經營咖啡館的義大利籍老闆，會以昂貴的加吉亞（Gaggia）咖啡機，煮出高品質的義大利濃縮咖啡。在一九七〇年代，美國西岸吹起一股咖啡館風潮，咖啡迷們開始在咖啡館購買新鮮烘焙的咖啡豆及品嘗質優香醇的咖啡，每間行家級咖啡館都有自己的風格和烘焙偏好。

總公司在西雅圖的星巴克（Starbucks），就在同業中脫穎而出。星巴克創立於一九七一年，原本擔任業務經理的霍華．舒茲（Howard Schultz）到米蘭出差，愛上義大利的咖啡文

化和咖啡師傅為顧客烘焙美味咖啡的熱情，回到西雅圖後開始想辦法將他在義大利感受到的咖啡體驗複製到美國。

比方說，他們用義大利文重新為公司的飲品命名，讓消費者覺得自己就是行家，例如用grande和venti表示大杯和特大杯的飲品。「讓我驚訝的是，大家竟然對這些用語琅琅上口，」星巴克一位前任主管接受潘德葛拉斯為撰寫《咖啡萬歲》所做的採訪時這麼說。「那是我們幾位主管坐在會議室裡想出的名字。」星巴克想吸引的，是那些願意多花點錢買真正高品質咖啡的咖啡迷。

這些咖啡迷當然是在尋找高檔的阿拉比卡咖啡豆，但他們想要的，還不僅止於此。由於各個咖啡豆生產區都有自己獨有的特色，許多咖啡迷都想知道帶點香料變化感的瓜地馬拉咖啡，跟醇度十足的爪哇咖啡或是有回甘餘韻的肯亞咖啡，究竟有什麼不同。而且，一旦這些咖啡迷決定要喝某種咖啡，星巴克就會提供各種調味乳和糖漿，讓顧客調配出自己喜歡的口感。

這做法似乎奏效了，到一九八九年時，雖然咖啡粉的銷售量仍持續下滑，而且主流咖啡產業在市場上疲弱不振，但是像星巴克這類的特色咖啡館卻搶攻六%的市場占有率，咖啡豆的營業額也逐年成長三〇%。

星巴克為咖啡產業打開了新的一頁。以美國的咖啡館家數來說，一九八九年時只有五百八十五家，到了一九九五年增加到五千家，二〇〇三年更激增到一萬七千四百家，二〇一〇年時繼續增加到二萬五千家。

然而，當星巴克和其他大型連鎖咖啡館發展成大企業，旗下分店開始跟速食連鎖店差不多，並失去行家咖啡館的特色時，有些死忠咖啡迷開始醒悟了。根據一份外流的文件指出，舒茲在二〇〇七年二月就曾抱怨：「星巴克的咖啡體驗不再有特色，有些消費者覺得我們的品牌太普通了。」

不過，這應該不會抹煞星巴克當初具有原創精神的成就。因為從一九八〇年代至今，主流咖啡產業根本不再提供高品質的咖啡。多虧了星巴克的出現，才在這個原本日暮西山的行業裡，讓咖啡變成一種特色產品，讓顧客開始重視口感，而不是在意價格。

各行各業的大企業終將有所覺悟，明白像星巴克這樣運用更香醇好喝的咖啡和獨特的咖啡體驗，才是吸引顧客上門之道。

例如麥當勞在二〇〇九年推出一支廣告，主打旗下麥當勞咖啡館（McCafe）的精品咖啡，要跟星巴克一較高下。隔年，漢堡王（Burger King）也加入戰場，宣布在各分店供應星巴克咖啡。

這些做法不令人意外，畢竟今天各行各業都在想盡辦法打進小眾市場。不過，大多數業者通常只想到鎖定哪些消費群，卻不曾好好思考：自己的產品要怎樣改善，才能打動小眾消費者的心呢？

2

人一有錢，就成了文化雜食者

打動小眾的心，沒想像中簡單

共和黨支持者愛喝Dr. Pepper、波本威士忌和紅酒，

民主黨支持者愛喝百事可樂、琴酒和伏特加。

Really？

一九九九年秋天，當美國青少年對Gap服飾店過門不入時，我正盤算著自己的出路。

在牛津大學交誼廳裡閒晃時，我看到一則滿特別的求才廣告，職稱也很怪——「徵求**未來學家或趨勢觀察家**。紐約知名傳播機構徵求專精趨勢觀察與發現新趨勢的社會學家，薪資優渥。」而且刊登者——揚雅廣告公司（Young & Rubicam）——也讓我很好奇，我用Google搜尋後發現，原來它是全球規模最大、名氣也最響亮的廣告公司之一。我心想，應徵一下無妨。

就這樣，我前一週還在學校教政治學和社會學（順便完成博士學位），下一個禮拜就已化身為「趨勢觀察家」，跟著紐約時間上下班，研究如何為產品創造話題。

麥克唐納和派卡德等社會評論家，曾在一九五〇年代抨擊所謂「問卷社會學家」的出現，今天，我也成了被抨擊的對象。很多廣告公司現在都愛向學界挖角，好讓客戶覺得他們的論點有點學術依據，所以，除了我這種利用資料演算的邋遢社會學家之外，那些熱中文化研究、打扮體面的符號學家，能滔滔不絕大談嬉哈文化的文學理論家，也加入我們這個行列。到了一九九〇年代結束時，我們這一大群所謂的知識分子，會走在麥迪遜大道上，搖身一變成了為企業界收集情報的獵人，拿著高薪，追蹤著現代消費者究竟在想些什麼。

為大眾貼標籤？別鬧了……

要怎麼追蹤呢？其實大部分的研究與報告，我人在牛津辦公室裡就能搞定。有時候，我的確得去做做田野調查，觀察一下消費者在幹嘛——主要是在超市、夜店這類地方。但花我最多時間的，是分析來自世界各地無窮無盡關於消費者的資料，這些資料有些是靠訪問得來，有些是來自我們所派出去的市調人員所寫的紀錄。即便有這些資訊的協助，我們做的事還是跟Gap執行長普萊斯勒（Paul Pressler）建議轄下主管的工作沒兩樣：設計出新的方法，把消費者切分為更小的群體，這樣一來，企業就能鎖定這些小眾。

這種做法其實也由來已久。通用汽車公司的老闆史隆（Alfred Sloan），早就依據不同所得水準，來劃出汽車的市場區隔。只不過，隨著「趨勢觀察家」這一行越來越興旺，今天所謂的市場區隔，不再只是為了「推出有差異性的產品」，而是想透過更了解消費者之後，好「推銷更多產品」給他們。

過去，企業可以輕而易舉地利用人口統計資料，例如年齡、性別、性傾向、種族和居住地，區分出不同的消費群。但是到了一九六〇年代晚期，利用人口統計資料這一招漸漸失靈了。在反文化運動的餘波蕩漾下，新一代的年輕人不再與主流文化沆瀣一氣，很多人現在以身為女人、同性戀者、黑人為榮。這股風潮也讓人們更堅決地拒絕被社會學家貼上標籤。

到了一九七〇年代，連企業也開始懷疑，用人口統計特性來界定消費群，到底還能不能讓他們精準地找到想要的顧客。「葛蕾絲·史利克（Grace Slick，知名搖滾樂團女主唱）和崔西亞·尼克森·考克斯（Tricia Nixon Cox，尼克森總統的女兒）是同一個人嗎？」一九七三年時，紐約一位廣告人在《廣告期刊》（*Journal of Advertising*）問道：除了同樣年輕、同樣有錢、同樣有很高的教育程度、同樣是白人女性之外，這兩人，真有其他的共同點嗎？

還有，用人口統計來分析「上班族」的方法，也開始引來質疑。過去，當很多工人都隸屬於工會、也自認為是這個組織的一分子時，我們用職業與所得來分析他們還有點道理，但隨著工會漸漸式微，工人們自己也成了更老練的消費者之後，我們便再也無法根據過去的分析方法，去了解這些人會怎麼投票、會如何花錢了。

到了我開始替紐約麥迪遜大道一家廣告公司工作時，消費者面貌改變的速度就更快了。而問卷社會學家們的因應方式，是「更深入觀察」，希望能發掘「更多次族群」。一九九四年，專門研究消費趨勢的楊可洛維契公司（Yankelovich），將男同志和女同志列為「有高度影響力、辨識度高的獨特」消費群，然後大家都想搶先吃到這個族群的商機。緊接著，揚雅廣告根據大量資料指出，單身女性消費者現在有大把鈔票要花，因為她們現在把結婚跟生小孩先擺一邊，所以有時間花錢了。

盲目切割小眾，反而弄出一堆雷同的商品

為了能更了解這群人，我們這些趨勢觀察家們求助於「消費心理特質分析」（psychographics）。這是百事可樂為我們帶來的啟發：我們深入研究該公司六〇年代所推出的「百事可樂世代」系列廣告之後發現，百事可樂當時所訴求的對象不只是年輕人，而是當時所湧現的那股「年輕浪潮」——涵蓋了所有「自我感覺年輕」的人。

但是，要用「消費心理特質分析」，就得讓受訪者在一個又一個題目上勾選答案——同意或不同意，非常同意或有點同意。這些題目大都很模糊，例如「我認為，世界越來越小了」、「我很重視環境」、「我希望讓家裡保持非常整潔」等等。

所蒐集到的答案，會被仔細地歸納分析，做為開發產品的基礎。例如寶僑家品（Procter

& Gamble）於一九四九年推出的汰漬洗衣粉（Tide，後來成為美國最暢銷的洗衣粉），就是典型的例子。大約二〇〇〇年，寶僑家品瘋了似的推出一連串以「汰漬」為名的「子系列」商品——先是一九九七年推出的汰漬潔淨洗衣精和汰漬原野香氛洗衣精，五年後則推出汰漬清淨微風洗衣精，隔年則有汰漬冷洗精和汰漬芳香洗衣精問世，二〇〇六年有汰漬香草薰衣草洗衣精，二〇〇七年推出汰漬天然洗衣精，二〇〇九年八月因應全球經濟持續不景氣，寶僑推出了低價位的汰漬基本款洗衣精。

到最後，光是「汰漬」這個品牌，可供消費者選擇的產品還包括：汰漬清香、汰漬清涼、汰漬春風、汰漬清淨微風、汰漬輕柔海霧、汰漬甦活、汰漬潔淨、汰漬原野香氛、汰漬熱帶潔淨，以及汰漬雨露芳草等。

短短十年之內，各種不同的汰漬產品多到可以擺滿一般超市的一整排走道。基本上，這些洗滌產品其實都一樣，但重點不在這裡，重要的是：每種產品都是該公司採用「消費心理特質分析」去調查市場後的結果。二〇〇四年七月，寶僑家品全球行銷長詹姆斯・史坦格（James Stengel）還向《商業週刊》（*Business Week*）炫耀，說寶僑旗下的暢銷家庭用品中，「不管是汰漬或帆船（Old Spice），沒有一個是大眾品牌，我們旗下每一個品牌，都有自己的目標顧客群。」

鐵達尼號，為什麼強打李奧納多？

大約在二〇〇〇年前後，有種最熱門的劃分消費群方法，就是依據消費者的出生年份。例如，出生於一九二〇年代的大蕭條、成長於第二次世界大戰的那一輩，會被我們稱為重視榮譽與信仰的「偉大世代」（the greatest generation）。接下來的那一代沒什麼特色，成了被我們晾到一邊去的「沉默世代」（silent generation）。然後是成長於一九六〇年代和七〇年代，自我主見強又有年輕之心的嬰兒潮世代（Baby Boomers），以及不鳥權威、求新求變的X世代（Generation X）。到了千禧年那段時間，行銷人把一九七〇年代中期到一九九〇年這段期間出生的人，歸類為所謂的回聲潮世代或Y世代，或直接稱為千禧世代（Millennials）。

包括Gap在內的許多服飾店裡，之所以會出現那些粉紅色迷你裙和螢光色帽T，正是因為根據我們的調查發現，回聲潮世代上購物中心的次數跟其他年齡層世代相比，整整多了四〇%。這群人有很多錢可花，而且在接下來十年的消費力只會有增無減，因此他們所到之處，我們這種「獵酷專家」（cool-hunetrs）都會跟在後頭，記錄下他們穿什麼、看什麼電視節目、喜歡什麼運動、聽什麼音樂及經常去哪幾家夜店。為了這個熱愛科技、重視自由、高度自信的回聲潮世代，我們寫了一份又一份的研究報告。

向回聲潮世代招手的，不只有購物中心。卡麥隆一九九八年的電影《鐵達尼號》，是好萊塢成功讓男女老幼都愛看的大片，不過當初要不是找李奧納多・狄卡皮歐（Leonardo Di-Caprio）演男主角，吸引來龐大少女粉絲，片子可能不會那麼轟動。因為早在《鐵達尼號》上映前，片商就透過試映會發現，在眾多年齡層觀眾中，尤以少女最喜愛這部電影。因此，後來推出的預告片就把這部片子描繪為年少之愛，並且強打李奧納多。在電影院看過這部片的二十一歲以下女性，有近半數至少會回頭再看一遍。一位廣告業者說：「這很有代表性，證明女孩力量之大不容忽視。」

在接下來的那十年內，好萊塢前十大賣座影片（幾乎都是暑期大片），包括《哈利波特》、《神鬼奇航》、《蜘蛛人》、《史瑞克》及其系列影片，片商們都很謹慎地拿捏影片中的暴力和色情尺度，設法擠入輔導級（PG13），這樣一來，才能吸引到大批青少年觀眾來拉抬票房。

為什麼老歌手們紛紛復出江湖？

接著，風向突然又變了。二〇〇二年二月，印度西塔琴大師拉維・香卡（Ravi Shankar）的女兒諾拉・瓊絲（Norah Jones），發行了一張民謠風味十足的個人首張專輯《遠走高飛》（*Come Away With Me*）。這張專輯贏得各界好評，但是其實事前沒有人預期到專輯會熱賣。剛開始，這張專輯只是在銷售排行榜後段班，直到一年後，銷量才快速飆升，成了有品味年長消費群常光顧的咖啡店和書店裡都會播放的音樂。諾拉・瓊絲在同年十二月受邀上《週末夜現場》（*Saturday Night Live*）後，人氣直線上升，不久後這張專輯成了大家爭相購買的耶誕禮物。

到了二〇〇三年二月，《遠走高飛》發行屆滿一年之際，成了美國Billboard專輯類銷售排行榜的冠軍，並且蟬連了高達三週之久。而且在同一個月內，還拿下包括年度流行專輯獎的五座葛萊美獎。這張專輯從幾乎沒沒無聞到口耳相傳，在二〇〇三年異軍突起後，總銷量超過六百萬張，根據一些研究透露，購買專輯的人，大都是比歌手本人至少大上二十歲的音樂迷。

對於已經連續衰退三年的音樂產業來說，《遠走高飛》簡直像是天上掉下來的禮物。跟Gap一樣，美國音樂界的大企業過去荷包滿滿，專輯銷售量在一九九〇年代期間成長一倍，是音樂界有史以來成長最迅速的十年。不過從二〇〇〇年起，專輯銷售量逐年下滑，再也沒有起色。唱片業者當時所犯的錯誤之一，是老以為做音樂就得吸引年輕人——推出一堆饒舌歌、hip-hop音樂，卻沒發現與此同時，年輕人正想盡辦法不花錢，並大量在網路上取得與分享免費音樂。

此外，這些業者完全沒注意到的是，高達八千一百萬人的嬰兒潮世代（規模遠比年輕族群龐大）其實才是花錢買音樂不手軟的好顧客。根據美國唱片業協會蒐集的數字顯示，從一九九四年到二〇〇三年，美國四十五歲以上的消費者占專輯銷售量的占比，從一五．四％增加到二六．六％；四十歲以上的占比，則從七．九％增加到一〇％。相反的，在同一段時間內，十五到十九歲的消費者占專輯總銷售量的比例，卻從一六．八％減少到一一．四％。

其他國家的情況也很類似。二〇〇四年年初，英國唱片業協會的統計資料顯示，英國四十幾歲人士所購買的專輯比青少年還多，這是音樂界前所未見的事。

中年族群似乎已經成為成長最迅速的音樂消費者。全美各地的唱片行開始重新布置，巧妙地將成人音樂類別加進架位上，希望吸引更多成年顧客上門。到了二〇〇三年十一月，歌壇老將芭芭拉．史翠珊（Barbra Streisand）和老鷹合唱團推出新專輯，雙雙擠進排行榜前十名。在排行前五十名的暢銷專輯中，包括貝蒂．米勒（Bette Midler）、范．莫里森（Van Morrison）、麥可．麥唐納（Michael McDonald）、賽門與葛芬柯（Simon and Garfunkel）在內，四十歲以上的歌手就搶下十一個名額。

水晶球被用力搖晃了一下，一切都亂了

當然，唱片業在諾拉．瓊絲爆紅後所採取的這些轉向，並不表示他們已經不再把年輕樂迷放在眼裡，相反的，如今他們更加懷疑：到底還有沒有所謂「一般樂迷」這回事？

從那時候起，樂迷開始被切割成各種不同類型，儘管業者們都想一網打盡所有類型，但他們不得不承認的是，不同類型的樂迷之間存在著很大的差異。比方說，當時有些唱片行就拒絕播放諾拉．瓊絲的專輯，因為擔心這種會吸引年長顧客的歌曲，會讓年輕的顧客倒胃口。英國很多老牌音樂節目，也因為無法抓住某個特定族群，而一個一個陣亡。

看見老化社會新商機的，不只有唱片業。很多趨勢專家現在一隻眼睛繼續盯著年輕族群，另一隻眼睛則關注著老人的實質購買力。對於我們這些「獵酷專家」或「未來學家」來說，這種情況有點像水晶球被用力搖晃了一下——一切都亂了，都模糊了。

我接下原先那份工作——研究全球年輕人商機——才不過短短兩年，現在轉而為幾家紐約與倫敦的廣告公司與智庫，研究年長族群。我得把這些年長者進一步細分為不同世代，然後找出他們所要的東西。往往為了搞懂Steppenwolf（一九六〇年代崛起的搖滾天團）的老歌，或是輔助老人上下樓的升降梯，會花上我們一整天的時間。

不過，說起「銀髮商機」、「老人市場」，這些字眼看起來就有點歧視意味，因此我跟幾位二十多歲的行銷人一度動腦筋，想想有沒有可以替代的詞。「中年分子」？太拗口；「新成年人」？遜遜的；「棺材逃避族」？根本沒人要理我。

一位廣告公司的趨勢觀察家在二〇〇二年八月，接受《觀察家報》（*Observer*）訪問時，大膽想像了一下如果耐吉（Nike）要抓住年長者的市場，該如何調整他們的行銷策略。「很顯然的，喜愛冒險的十六到二十歲族群，對於Just Do It這句廣告詞很有好感，」他說：「不過，對於三十歲以上的族群而言，運動只是偶一為之的活動，運動服裝對他們而言，不過是一種休閒服。這也意味著，Just Do It這句話只能訴求年輕人，在年長族群中的效果非常有限。因此，我們會建議Nike，改用一個能涵蓋更多族群的廣告詞……例如，Just Watch It（看看就好）。」

足球媽媽與Mondeo先生的誕生

美國一九九六年最搶手的女人，是住在郊區、每天忙著接送小孩上下課的平凡媽媽。過去，這群媽媽比較可能是共和黨支持者，但是柯林頓那年參選連任總統時，卻積極想要這群媽媽們的選票。柯林頓會派出選戰人員，親手將宣傳單交到這群婦女手上；他的對手、共和黨總統候選人杜爾（Bob Dole）在最後一場總統大選辯論會上，也特別提到這群媽媽，說她們是「真正需要援手的真正美國人」。那年年底，這群媽媽成了《時代》雜誌的封面人物。

足球媽媽（Soccer Mom）一詞，是政治民調專家創造出來的，始作俑者，就是民主黨策士馬克．潘恩（Mark Penn）。潘恩從一九九五年開始，仔細研究針對美國十萬名選民的訪談，他打算把這些選民進一步區分出次族群，然後找出這些族群的特徵。

其實，早在一九八〇年代，選戰專家已經懂得將選民分類，只是當時的分類比較簡單——通常是依據選民的所得或社會階級。但是這回，潘恩在分析資料時有了意外的發現：到底哪些人支持柯林頓、哪些人支持杜爾，如果只是根據過去所用的社會階級、種族和年齡等變項，是看不出有明顯差異的。倒是有一項因素，足以顯示選民的投票傾向，那就是：是否有小孩——沒小孩的選民，比較可能支持柯林頓；已婚有小孩的選民，則對這位尋求連任的總統比較有意見。

潘恩的發現，讓他相信單身、沒小孩的選民，跟已婚、有小孩的選民之間，有著明顯不同的投票傾向。於是他決定好好利用這項發現——鎖定已婚夫妻，尤其是有小孩的已婚夫妻。

就在潘恩開始熱中探討足球媽媽時，英國的選戰專家們同樣在研究英國版的足球媽媽——也就是所謂的「伍斯特婦女」（Worcester Woman），泛指三十歲左右、有兩個孩子、在乎生活品質、通常比較傾向保守黨的中產階級媽媽們。當時，保守黨黨部政策小組很擔心這群婦女的選票會倒戈投向改革後的工黨懷抱。而當時的工黨候選人布萊爾，的確想爭取到伍斯特婦女的支持，不過他也在設法討好她們的老公——所謂的「蒙迪歐先生」（Mondeo Man），意指開著福特Mondeo車款的中等所得男性。布萊爾自己說，有一天早上他看到有位男子在自家外面小心擦亮一台Mondeo汽車，才給了他這個靈感。布萊爾認為，這種中等收入、中階主管、人近中年的一家之主，就是工黨要從保守黨那裡搶過來的選民。

政治大山不見了，你得跑遍每一座小丘才行

無論是足球媽媽、伍斯特婦女或蒙迪歐先生，之所以全都在同一時間出現於政壇，正是因為同時期的行銷專家們，開始採用了新的分析方法。

打從一九九〇年代以來，中間選民變得更難捉摸，有著彼此截然不同的投票傾向。因此主流政黨開始把主力放在爭取游離選民這些小團體身上，也就是他們口中的「新政治分歧」（new political cleavages），希望在選舉期間藉由游離選民的支持，在選情膠著的搖擺州或選區能夠勝出。

佛羅倫斯歐洲大學研究院（European University Institute）教授彼德．麥爾（Peter Mair）鑽研政黨近三十年，是目前在這方面最傑出的學者之一，他的比喻是這樣的：過去，贏得選戰就像是奮力衝刺跑到山頂，聰明的政黨會在半路遇到中間選民時，馬上停下來拉攏他們。

但是在最近這幾十年，原本那座大山不見了，被幾十個小丘取代，政治人物若想勝選，現在得花時間跑遍每一座小丘才行。「今天，中間選民變得難以捉摸，」麥爾告訴我：「再也不存在一般選民了。」

假如一般選民不復存在，那麼要掌握新選民的動向就更困難了。比方說，大家都知道足球媽媽指的是住在郊區的中產階級白人女性，但是除此之外，就沒有更具體的描述方式了。根據定義，足球媽媽是中產階級、教育程度高的已婚婦女，她們在美國選民人口中約占四％到五％的比例，但如果我們把條件放寬些，她們所占的比例可以增加到將近一二％左右，而這還不包括拉丁裔足球媽媽、非裔美籍足球媽媽、女同志足球媽媽等相似的族群。「足球媽媽這個概念太籠統了，」佛羅里達大學政治學教授瑪格麗特．康威（Margaret Conway）告訴《佛羅里達時代聯合報》（*Florida Times-Union*）：「這個概念假定，有著特定年齡子女的特定年齡層人士會有同樣的觀點，這根本是把人的價值觀過度簡化了。」

只因為有些媽媽沒上班、住在郊區、兒子喜歡打足球，就把這群人稱為足球媽媽——以為她們的想法全都一樣，就可以用同樣方式爭取她們的選票——根本說不通。更何況，被稱為足球媽媽的女性當中，只有極少數人願意這樣稱呼自己，她們很多人根本不認同這種稱謂，有許多人還覺得這種說法冒犯了她們。

選戰專家們企圖用種族、性別、宗教或性傾向來區分選民的做法，同樣也沒有得到選民的認同。硬要這樣區分，結果就只能得出幾種特定類型。問題還不只如此，就算他們真能掌握足球媽媽的價值觀與態度，也未必能預測她們的投票行為。例如，俄亥俄大學政治學家賀伯．魏斯柏格（Herb Weisberg）及艾普瑞爾．凱利（April Kelly）分析出口民調數據後發現，雖然跟杜爾相比，柯林頓的確爭取到較多足球媽媽的選票，但這不等於足球媽媽們特別喜愛柯林頓——因為整體來說，已婚婦女投給柯林頓的比例還更高。

那次大選後的好幾年，美國媒體還是繼續使用足球媽媽這個詞。一直到一九九八年十月，維吉尼亞州有位媽媽打破了人們對足球媽媽的刻板印象——她在參加九歲兒子的足球賽後，把裁判揍了一頓。不久後，足球媽媽一詞就被「保全媽媽」（Security Mom）取代了——這群女性比較保守，更關切子女的安全，深怕恐怖分子危及美國治安。有人認為，這群女性正是讓小布希總統在二〇〇四年得以連任的大功臣。

他們偷看我們平常吃什麼，然後設下誘餌獵捕我們

不過，像這樣分割群眾的做法，其實在當時已經越來越沒說服力。這一點也不令人意外，畢竟，把不同世代的人從真實世界中抽離，然後放到顯微鏡下檢視，真的能讓我們更了解他們嗎？一九九〇年代初期，人口統計學家把我們這些出生於一九六〇年代中期到七〇年代後期的人，統稱為X世代，然後說我們是一群討厭工作的懶惰蟲。問題是，我們X世代對工作倫理的厭惡，與態度無關，而是因為我們所處的時代真的較難找到好工作。當一九九〇年代後期景氣開始好轉，許多X世代在各行各業嶄露頭角後，「X世代很懶散」的說法才逐漸銷聲匿跡。

經濟學人智庫（Economist Intelligence Unit）曾經訪問兩百名企業資深主管，結果有五九%的受訪者表示他們曾經在過去兩年，花錢取得市場區隔調查。然而，其中只有一四%認為調查的結果有用。也許正因為如此，我們這些手拿問卷的「獵酷專家」，現在被晾到一邊去，看著更厲害的高科技登場。

今天，企業可以從信用卡公司、零售業者那裡，取得關於我們購物習慣的龐大訊息，倘

若加上原本就有的資料，市調專家現在可以更精確地把我們分成不同類型，甚至能更精準地預測我們接下來會怎麼做。這些大企業掌握了我們賺多少錢、住在哪裡，外加我們的性別、年齡與性傾向，假如覺得還不夠，他們就會追蹤我們的消費習慣——在實務上，就是偷偷監看我們的購物袋，甚至我們家裡的冰箱。他們像獵捕動物那樣，先了解我們平常吃什麼，然後設下誘餌獵捕我們。

要做這種事，現在一點也不難。這幾年來，大型資料公司早就向信用卡公司購買資料，研究我們的購買習性並製作報告向企業兜售。克拉瑞塔斯（Claritas）這家美國市場研究公司，就整合了傳統的人口統計資料（例如我們住哪、今年幾歲等等），以及我們消費習慣的資訊，設計出一套叫做PRIZM的系統。這套系統會把我們劃分為各種不同的「群組」，拿二〇〇九年來說，美國人就被PRIZM歸納出六十七個不同群組——例如「有影響力的人」、「聰明的有錢人」、「年輕鄉下人」、「都市成功人士」等等。

英國也有一套類似的系統，稱為Mosaic，透過數據業者益百利（Experian，Mosaic背後的大股東）的龐大資料，將英國所有人口劃分成類似的群組。Mosaic每年更新一次，二〇〇九年九月，它從二百一十億筆資料中，歸納出四百四十個變項，將英國人分為一百五十五種群組、六十七種家庭和十五個「社會類別」——例如「低收入心態」、「鄉下人腦袋」和「傳統工業習性」等等。

在政界，這類方法叫做「微目標定位」（micro-targeting）——這個詞是小布希總統的策略長馬修・陶德（Matthew Dowd），在二〇〇〇年大選時率先提出的。陶德與他的選戰夥伴們認為，共和黨在二〇〇四年得贏更多才行。於是，在深受小布希倚重的卡爾・羅夫（Karl Rove）的主導下，他們開始深入研究資料庫業者所劃分出來的各種群組。就像我們這些行銷人一樣，他們先從傳統的人口統計資料著手，再結合資料探勘公司手上關於人們購物模式的相關資訊。接著，他們進行人口抽樣調查，運用手邊可用的所有資料，預測不同群組對同樣問題會有多相似的回答。

藉由這種做法，他們將美國人劃分成三十四種「想法相似」的群組，例如「工會底層的獨立選民」、「關心稅制和恐怖主義的溫和派」、「關注時事的鄉下老人」等等，並且預測不同群組可能對哪些議題感興趣，以及可能投票給哪位候選人。在找出可能支持共和黨的群組後，他們就能著手設計給這些群組的專屬訊息。比方說，如果民調顯示，有小孩、會訂閱《紐約客》（*New Yorker*）的三十歲拉丁裔男性很少會去投票，不過要是去投票，投給小布希的機率最高，那麼他們就會派人在投票日前打電話給這群人，提醒他們要去投票。

「微目標定位」做法的日漸普及，意味著當我們選擇支持哪位政治人物的同時，政治人物也在暗地裡挑選我們。二〇〇五年以來，英國三大政黨——工黨、保守黨和自由民主黨——都在用Mosaic系統，對選民展開「微目標定位」。

越有錢，越喜歡標榜自己是文化雜食者……

這套方法也改變了政治人物鎖定目標選民的手段。以柯林頓來說，過去只能大致鎖定「足球媽媽」這類的中間選民，但現在陶德的野心更大：他想依據一個人吃什麼、喝什麼和買什麼，來找出能被說服把票投給共和黨的人。而且，這套能更精準找到選民的方法，也讓地緣政治變得不重要了。過去，參選人只能專心顧好自己的選區，現在，藉由更精準的工具協助，他們可以到對手的選區裡搶票。過去，他們只能用傳統的方法——例如社區、族群——拉票，現在透過掌握人們喜歡吃什麼、有多少房貸、有哪些嗜好、想去哪兒度假等資料，可以更精準的鎖定個別選民。例如陶德在二〇〇四年彙整到的資料顯示，共和黨支持者愛喝碳酸飲料樂倍（Dr. Pepper）、波本威士忌和紅酒，民主黨支持者偏愛百事可樂、琴酒和伏特加。同樣的道理，陶德向《紐約時報》表示：「只要是標榜有機、健康的東西，聽起來就比較民主黨。」

問題是，談到吃，我們現在實在有太多選擇了。想想看當年的「蒙迪歐先生」發生了什麼事。正當布萊爾想根據一個人開什麼車來找出票源的同時，福特旗下這款車子的銷量就開始下滑了，從一九九四年年銷十二萬七千多台，年年衰退，到了二〇〇八年只剩下四萬四千多台。

我們的口味本來就會隨著時間改變，因此「吃」實在不是個很可靠的指標。也許正因為我們不願自己的飲食習慣被政客利用，所以這段時間以來，我們變得什麼都吃。

牛津納菲爾德學院（Nuffield College）社會學家約翰．戈德索普（John Goldthorpe），一直在關注英國社會近幾十年的改變。二〇〇四年時，他跟另一位教授陳德永博士檢視了政府針對英國人音樂品味的調查資料。結果發現，英國社會階級與文化消費之間，不再像過去那樣有著顯著的相關性。例如，有錢、有閒、教育程度高的人，不一定偏愛歌劇；沒錢又沒閒的人，也未必喜歡流行音樂。想要彰顯自己比較高尚的人，倒是有了一種嶄新的賣弄方式：標榜自己有更廣泛的文化品味，更能接納——照戈德索普和陳德永的說法——不只是「高水準」文化，還有「中產階級趣味」，甚至更「低俗」的文化。可以這樣說：當一個人變得更有錢，就會從「只偏好一種音樂」，變成「音樂雜食者」，樂於接受不同類型的音樂。

當然，我們這種「雜食現象」不只出現在音樂品味上。這也解釋了為什麼不過短短幾十年，原本只有勞動階級白人會出現的足球場觀眾台，現在充滿了各色人種。照社會學家的說法，這其實成了另一種「展現文化優勢的方式」。

3

我在地下文化臥底的日子

混進非主流文化裡找商機

「文化地鼠」潛藏在地下蠢蠢欲動，
都想向主流文化宣戰，
都想嘲弄人們對主流文化的盲從……

二〇〇四年，當牛津社會學家探討著「文化雜食」現象越來越普遍時，我自己正在學習當個「文化雜食者」。

九月某個下著雨的週日，大多數人都選擇待在家裡，我卻跑到特拉法加廣場（Trafalgar Square），和二萬五千人一起擠在傘下，聽寵物店男孩樂團（Pet Shop Boys）為黑白默片電影《波坦金戰艦》（*The Battleship Potemkin*）演奏全新的電影配樂。導演塞吉・艾森斯坦（Sergei Eisenstein）在一九二五年把海軍叛變的故事拍成前衛電影，算是向當時剛結束的布爾什維克革命（Bolshevik revolution）致敬。

多虧了主辦單位倫敦當代藝術中心（Institute of Contemporary Arts, ICA），讓這部片子如今能在倫敦觀光客聚集的鬧區，架設巨幅螢幕重新放映；兩位電子流行樂手在旁邊，為片中大型示威場景和士兵的暴行增加電子合成樂的音效。另外，現場也播出許多政治示威的紀錄片，增加整個活動的嚴肅性，並從德國請來有二十六位樂手的德勒斯登交響樂團（Dresdner Sinfoniker）坐在主舞台旁，整場活動因此多了一些文化品味。知名導演梅爾・布魯克斯（Mel Brooks）也參與這場盛會，我猜想可能是來找新靈感的。

不鳥傳統，不鳥觀眾怎麼想

一眼望去，ＩＣＡ的外觀與周圍的建築顯得格格不入。這棟建築從一九六八年起進駐倫敦最有名的林蔭大道，夾在特拉法加廣場、海軍拱門和白金漢宮之間，對面是女王檢閱騎兵部隊的皇家騎兵隊閱兵場，再過去則是官府大道和英國政府機關。六十幾年來，ＩＣＡ一直被視為英國前衛文化的重要推手，這所「當代藝術中心」坐落在這個曾是倫敦最搶手的地段、有著白色灰泥外牆、目前被視為保護文物的建築之間，街道上插滿了國旗、軍樂聲飄揚。

「前衛推手」這個封號，說得簡單，做起來可不容易。前衛（avant-garde）一詞，原本是法國軍事用語，指的是軍隊前進敵軍地盤的先鋒部隊。二十世紀初前衛文化崛起那段期間，想要當「前衛」的人，就要勇於面對文化上各種困難的挑戰，開創出新道路。投入前衛文化，意味著不鳥傳統，不鳥觀眾怎麼想，也意味著原有的做事方式必須被全盤打破。而且，想要投入前衛文化，你也要有被抨擊的心理準備。

例如一九二〇和三〇年代所崛起的主流「中產階級文化」，很快就卯上了前衛文化。中產階級文化，本來就是要網羅一般讀者、觀眾和聽眾，內容無所不包，因此當然會反菁英，也反前衛文化。但菁英和前衛文化的擁護者立刻還以顏色。主張菁英文化的作家維吉尼亞・吳爾芙（Virginia Woolf），在她寫給《新政治家》（*New Statesman*）雜誌的一封未刊出信函中，就鄙視中產階級文化，說它「不三不四……既非藝術也非生活，而是大雜燴，更糟的是，其中還夾雜著金錢、名聲、權力與特權」。一九六〇年代曾公開抨擊問卷社會學家的麥克唐納，透過〈大眾文化和中產文化〉（MassCult and MidCult）這篇影響力深遠的文章，譴責中產階級文化搞錯、輕忽、妖魔化了前衛文化的願景。「中產階級文化正在擴散，」麥克唐納提出警告：「所到之處，全都遭殃。」

然而隨著主流文化越來越強勢，到了一九七〇年代，前衛文化的熱潮開始消退了。想要引來觀眾，現在前衛文化得多多少少與主流的電視或報章雜誌搭上邊才行。例如其中一種常見的手法，就是設法把更多種文化融入作品裡，也因此帶動了各種「混搭」現象。

像ＩＣＡ這樣，把寵物店男孩樂團、艾森斯坦、德勒斯登交響樂團結合在一起，就是這個現象的最佳詮釋。

主流與反主流，都選擇了妥協

不過，當天的我，可不只是一般的過路客。那場活動的重要推手——也就是ＩＣＡ執行長菲利普．陶德（Philip Dodd）——才剛聘請我，給了我一個奇特的職稱：「談話長」（Director of Talks）。

到目前為止，這本書所講的都是大企業——過去幾乎主宰了整個主流文化——所面臨的麻煩。但主流文化的緩慢崩解，所影響的不只有大企業而已，對於像ＩＣＡ這類標榜與主流文化分庭抗禮的組織，同樣很困擾；它們跟那些大企業一樣，同樣得努力適應這個新現象。

我剛到ＩＣＡ時，主流與反主流文化都一樣——早已無計可施，都選擇了妥協。在倫敦最頂級的廣場上搞一場宣揚反叛精神的活動，這種事過去大概只能靠那些專門搞運動的怪咖們設法突襲才可能辦到。但是現在，這場《波坦金戰艦》的放映會不但有倫敦市長相挺，還有知名管理顧問公司的慷慨贊助。當天會後，ＩＣＡ還辦了一場超豪華派對，向世人展現了它融合文化與各路人馬、掌握人脈的能耐。在派對上，左派的倫敦前市長肯恩．李文斯東（Red Ken Livingstone），可以跟流行明星相談甚歡；倫敦的非主流作家與大報社的專欄作家們，可以一整晚混在一起；無數文化商人穿梭其間，滿意得不得了。喔，對了，現場還有穿著水手服的服務生，為賓客端上啤酒和伏特加——全是贊助整場活動的一家俄羅斯飲料業者提供的。

這時候，如果你不想站在主流文化這一邊，也不願向退潮中的前衛文化靠攏，而且又不想像舞廳裡的ＤＪ那樣——把不同文化攪和在一起，那麼你最好的選擇，就是：到地下文化挖寶。畢竟，跟主流文化浪潮唱反調的，不是只有前衛文化而已。打從一九六〇年代以來，一批批的「文化麻煩製造者」——鼓吹青少年次文化的人、老一輩的反主流分子、新一代反資本主義的年輕人——都對主流文化（以及散播主流文化的大企業）懷有敵意。

這些人——我稱之為「文化地鼠」——潛藏在地下蠢蠢欲動，似乎都想向主流文化宣戰，都想嘲弄人們對主流文化的盲從，總之，就是想盡辦法要讓自以為是的主流文化難堪。當時的ＩＣＡ亟需新血加入，也需要新的觀眾群，自然很樂意跟這些地下文化聯手。一九七六年，英國人普遍對社會不滿，龐克文化趁勢崛起，ＩＣＡ率先主辦「衝擊樂團」（The Clash，一支地下樂團）的演出。紐約、倫敦和雪梨等城市的龐克族，當時已經形成一股新的次文化，讓部分官員憂心年輕人會道德淪喪。

就在那一年，ＩＣＡ辦了一場名為《賣淫》（*Prostitution*）的展覽，展出由表演藝術家柯西·芬妮·圖蒂（Cosey Fanni Tutti）擔任色情模特兒所拍的照片。結果，引來各界罵聲不斷，不僅抗議信函如雪片般湧入ＩＣＡ，英國警方的「淫穢出版物查緝小組」還特別派員到ＩＣＡ了解情況。

管你地上地下，一起賺大錢吧！

說實話，對我們而言，地下文化跟前衛文化之間有什麼不同一點也不重要，重要的是，這些地下文化之間彼此有哪些共同點。畢竟，那個年代竄起的地下文化不是只有龐克，另外還有嬉皮、摩登、搖滾和足球幫少年（casuals）等等，它們都在主流文化之外生根，以各自獨特的服裝與儀式來反抗、藐視主流文化——例如光頭族把頭髮剃光，展現對主流社會的不滿；嬉皮人士想要藉由嗑迷幻藥，來逃離主流社會；摩登族騎著閃亮的義大利偉士牌機車，來象徵自己逃出這個社會；足球幫少年則是穿著知名設計師設計的休閒服，顯示自己比主流社會的人有品味。

但正如史都華・霍爾（Stuart Hall）在著作《透過儀式的抵抗》（*Resistance Through Rituals*）所指出的，要不是主流文化——拜大眾消費崛起、教育普及、媒體無遠弗屆的影響力之賜——越來越強大，也不會有這些地下文化的誕生。沒多久，主流文化也開始染指這些青少年文化——畢竟，青少年的圈子是新點子與靈感的免費實驗場。這一來，對於搞地下文化的人來說，只要能受到歡迎，幾乎就意味著賺大錢。一九九一年，來自西雅圖的後龐克樂團「超脫」（Nirvana）把他們的第二張專輯《從不介意》（*Nevermind*），交給主流的唱片巨人葛芬公司（Geffen）發行，結果大賣了一千萬張。

主流企業與原本一直向主流企業嗆聲的地下文化之間，顯然已經找到了一個雙方都有好處的共識。而隨著這兩個文化之間的交流越來越頻繁，人們也更難分辨主流文化與地下文化有何不同了。在美國佛蒙特州起家的班與傑瑞冰淇淋（Ben & Jerry），一直標榜自己反資本主義，但就在二〇〇〇年四月，該公司兩位創辦人（也是兩位老嬉皮）班・柯漢（Ben Cohen）和傑瑞・葛林菲爾德（Jerry Greenfield）卻宣布，要把公司賣給知名跨國企業聯合利華公司（Unilever）——也象徵著僅存的嬉皮文化，從此被主流文化併吞。

就在這時，一種新的文化仲介——到處打探還未被開發的文化，然後試著在其中挖掘大眾感興趣的素材——應運而生。例如廣受青少年喜愛的MTV音樂台，一九九一年秋季一直不停播放超脫樂團〈彷彿青春氣息〉（Smells like Teen Spirit）這首歌，最後把「超脫」拱成了一個主流樂團。隔年六月，柯林頓在角逐總統期間上MTV的節目，也讓政治人物從此明白「你不必每一次都討好全部人」的道理。

我們這些「獵酷族」、趨勢觀察家和未來觀察家，也在扮演這種仲介角色。例如我們獵酷工作的重點，就是要長時間臥底在地下文化中，帶回可為主流文化所用的素材。我的其中一位老闆曾經說，地下文化與主流文化之間，約有十二到十八個月的時間落差。

向地下文化學習，有時候很有賺頭，而且很多反資本主義者常有很棒的點子。例如總部設在溫哥華、以「反廣告」為訴求的《廣告剋星》（*Adbusters*）雜誌，就是由一群不滿主流廣告界的工作者所經營，想透過各種惡搞手法，讓人們從失控的消費生活中覺醒。該公司最有名的作品之一，就是在Absolut伏特加酒的廣告上，加上一個標題：Absolut Nonsense（一派胡言）。

每個人的書架上，都有一本*No Logo*

不過，無論是主流或地下文化，後來都遭遇到一個新狀況：主流廣告公司開始雇用像我這樣的人，深入地下文化找商機。大企業發現，現在想要為產品製造新聞、引爆話題的好方法，就是透過駭人、具攻擊性、甚至被視為禁忌的畫面，或是運用街頭宣傳——也就是所謂的游擊行銷（guerrilla marketing）。就這樣，主流品牌與反品牌活動分子之間，展開了一場其實不是戰爭的戰爭——因為一般消費者根本難以區別兩者有何差異。例如紐約一位叫TATS Cru的街頭塗鴉藝術家，就常幫可口可樂這些大企業設計戶外廣告。

事情會這樣發展，老實說我也要負點責任。我在廣告公司上班那幾年，花很多時間研究口碑行銷和游擊行銷策略，我的許多靈感都來自地下文化。而且，不只是我這麼做。我認識的廣告業主管中，幾乎每個人的書架上都有本娜歐蜜．克萊恩（Naomi Klein）寫的暢銷書《*No Logo*》。二〇〇二年，我曾替一家叫HeadlightVision的顧問公司工作，據《週日泰晤士報》（*Sunday Times*）報導，這家公司就在教大企業如何在品牌中增加「犯罪元素」，希望能藉此營造一種很酷的形象。

不過，後來隨著地下文化與主流文化的界線越來越模糊，連我們自己也搞糊塗了。或許，那也是為什麼我有次企圖透過刺激主流文化來引發辯論，結果卻功敗垂成。事情是這樣的：

在寵物店男孩那場演出後的一個月，我與同事珍妮佛・柴契爾（Jennifer Thatcher）一起推動一個名為〈情色ＩＣＡ〉的活動，舉辦多場辯論、影片放映會和表演，探討色情、脫衣舞與情色藝術之間的差異。我們邀請脫衣舞孃、歌舞女郎和文化評論家一起參與。ＩＣＡ原本就以研究色情、剝削與藝術之間的關係——例如先前的圖蒂色情照片展——聞名，我們想更進一步提出有趣的問題。當然我也承認，我們另一個意圖也是想引發主流媒體的批判——還有免費曝光。

這個意圖，算是有得逞。在活動開始前的週末，《週日泰晤士報》的標題就大大寫著〈ＩＣＡ色情展，藝界看法兩極〉，並引述ＩＣＡ發言人的話：「我們想讓倫敦的地下文化有發聲的機會。」不過老實說，這話也只是說得好聽而已。因為就算我們請來歌舞女郎，也不過是輕輕掠過「地下文化」的表皮，不過是一群身材好的女孩脫掉衣服（還貼著重要部位）爽一下罷了。

奇怪的是，這場表演並沒有引來什麼回響。儘管《週日泰晤士報》如此大篇幅報導，藝術界——或是其他什麼界——都沒有大肆抨擊我們的活動。我們唯一遇到的挫折，是原本要邀請愛看哲學家德希達（Derrida）作品的巴黎情色片女優歐葳蒂（Ovidie）到場，結果她卻跑去幫一場更有賺頭的表演站台。

今天，已經沒有人會被我們這樣的題材驚嚇到了。從一般廣告到時尚展覽，主流大企業早就從地下文化借用了這種手法。《經濟學人》的記者打電話給我在Headlight Vision的一位同事，這位同事說，現在的觀眾早就厭煩了露骨的性廣告，他們現在想看的，是更為精緻的東西。

你不必像主流，保持非主流的樣子就好

從一九九〇年代起，大企業開始改用新的手法，來跟地下文化打交道。

例如葛芬唱片公司，一九九一年簽下超脫樂團時，就沒打算改變超脫樂團本來的風格去迎合消費大眾的喜好。相反的，他們要超脫樂團維持原有風格，和主流文化之間保持距離。還有聯合利華公司，當年買下班與傑瑞冰淇淋，也不是要讓這個品牌變得像聯合利華一樣大

眾化，相反的，班與傑瑞雖然實際上已經易手，表面上卻還是跟以往一樣，參與各種反主流文化的活動。

今天聰明的大企業，不再想吞噬地下文化，而是更想讓地下文化保有原來的特色。

在電影界，類似的例子是昆汀．塔倫提諾（Quentin Tarantino）——曾在錄影帶出租店打工，後來才轉行的獨立製片導演。從艾森斯坦的《波坦金戰艦》到後來的塔倫提諾，非主流的獨立電影走過了一條漫漫長路。一九七〇年代時，所謂的獨立電影，指的是那種涉及前衛、禁忌、性愛、古怪、破壞的作品，這類電影除了片名之外，通常都有副標題，而且不會被好萊塢看上，全是低成本製作。這些獨立電影有一小群死忠粉絲，會在專門放映藝術電影的電影院上映，觀眾大概是會去ＩＣＡ看展的同一批人，或是每年會參與日舞影展（Sundance Festival）盛會的重度影迷。

日舞影展是由影星勞勃．瑞福（Robert Redford）在一九七八年特別為美國獨立電影舉辦的影展，影展地點就選在信奉摩門教的猶他州，除非重度影迷，否則根本不會舟車勞頓去到那裡。很快地，日舞影展成了美國獨立電影最重要的競技場，也是有抱負的電影製片們所嚮往的聖地。

日舞影展開辦的前十年，好萊塢大型電影公司根本沒正眼瞧過這個影展裡的作品。直到一九九二年，身材高大、外型怪異的塔倫提諾帶著自己的第一部作品——《霸道橫行》（*Reservoir Dogs*），一部低成本的嘲諷型搶匪片——參展。

雖然這部電影——就像其他影展上的片子——沒能跳出小眾市場，吸引主流觀眾買單，但還是引起電影界傳奇製片人哈維．溫斯坦（Harvey Weinstein）的注意。溫斯坦在一九七九年與弟弟包伯（Bon Weinstein）一起創辦米拉麥克斯（Miramax）這家小型獨立製片廠，製作低成本電影，包括《亂世浮生》（*The Crying Game*）和《性、謊言、錄影帶》（*Sex, Lies and Videotape*）等，都是他旗下的作品。溫斯坦也因此在電影界贏得行銷天才的名聲，擁有罕見的點石成金本領，能讓沒沒無聞的獨立電影身價暴漲或跨界暴紅。而且由於他總是能把電影剪接成觀眾喜愛的內容，所以也被冠上「剪刀手哈維」的封號。

三十秒，改變一部電影的票房命運

那天，塔倫提諾參加完日舞影展後，到溫斯坦位於好萊塢的放映室，把《霸道橫行》這部片放給溫斯坦看。但溫斯坦不太喜歡，說得更具體些，是他不喜歡片中瘋子搶銀行時，拿剃刀割下警察耳朵的那一幕。電影史學家彼德・畢斯肯德（Peter Biskind）寫《低俗電影》（*Down and Dirty Pictures*）這本書時，曾採訪塔倫提諾，談到當年他跟溫斯坦的對話：

溫斯坦：拿掉這個畫面，這部片就能打進主流市場；有這個畫面，這部片就沒搞頭。拿掉這個畫面，我能讓這部片上三百家電影院，而不是只在一家電影院上映！三十秒，就能改變這部片子在美國市場的票房。

塔倫提諾：哈維，我不同意。這部片子維持現在的樣子，是最完美的。那一幕會讓這部片子變成小眾影片沒錯，但我認為那是本片最精采的部分之一。

溫斯坦：既然這樣，那好吧，不過我要你記得，是米拉麥克斯公司讓你的電影照你的意思上映！

回想起來，塔倫提諾認為這段對話是改變一切的關鍵，他當時的堅持，也決定了自己一生事業的方向。

對溫斯坦來說，其實也一樣。雖然《霸道橫行》最後確實如他所言，無法跨界在主流電影院上映，在美國的票房也不到百萬美元，但是塔倫提諾接下來所拍的電影，卻讓米拉麥克斯公司賺得荷包滿滿。以《黑色追緝令》（*Pulp Fiction*）來說，成本只有八百萬美元，一九九四年卻為溫斯坦和米拉麥克斯公司賺進一億美元。

從那時候起，大電影公司主管們紛紛往猶他州跑，都想要從中找到新的電影黑馬。好萊塢再也不敢輕忽日舞影展和溫斯坦這號人物。

就像ＩＣＡ和紐約的獵酷專家，日舞影展現在也成了一種文化媒介，將優秀的作品和人才，從小眾電影院——透過米拉麥克斯——拉到大眾市場。當時，米拉麥克斯公司其實已經被大電影公司收編，為了籌錢拍攝及發行《黑色追緝令》這類電影，溫斯坦兄弟在一九九三年把公司賣給了華特迪士尼（Walt Disney）。「我們把好電影從封閉的藝術圈子拉出來，讓美國大眾有全新的體驗。」溫斯坦在一九九七年向《時代》雜誌這樣說，當時他被該雜誌選為美國二十五位最具影響力人士之一。

溫斯坦的話，很中肯。同一年米拉麥克斯公司拿下十二座奧斯卡獎，創下自一九三九年以來（當年米高梅公司的《亂世佳人》，也才拿下八座獎項），拿下最多獎項的製片公司的紀錄。

把獨立電影變成一種風格上的差異，一種姿態

就在登上《時代》雜誌後沒多久，溫斯坦跟米拉麥克斯公司就開始走下坡了。原因其實很明顯：當大型電影公司紛紛在集團內部成立一個專門的藝術電影部門，開始收購小型獨立片廠，米拉麥克斯原本所擁有的特色，當然就顯得不怎麼樣了。

不過，溫斯坦的策略還有另一個更嚴重的問題。《黑色追緝令》的暴紅，加上來自迪士尼的資金，讓米拉麥克斯拍片的預算開始暴增；而「剪刀手哈維」還在剪輯室裡努力，試圖把影片剪輯成更受主流觀眾喜愛的樣子，造成的結果是：米拉麥克斯拍出來的電影跟主流電影越來越相似，例如花大成本製作的歷史浪漫片《英倫情人》（*The English Patient*）、古裝文學小品《窈窕野淑女》（*Mansfield Park*）、內容流於淺薄的浪漫喜劇《莎翁情史》（*Shakespeare in Love*）、以及《戰地情人》（*Captain Corelli's Mandolin*）等等。再加上，溫斯坦漸漸不再關心藝術電影，轉而把心力投注在打造他的電影帝國——投入出版、發行雜誌，

把公司搞得越來越像福斯、派拉蒙這些好萊塢大集團。

而偏偏好萊塢的大集團們，這時卻正好採取跟溫斯坦背道而馳的策略。獨立電影，如今成了大集團的行銷工具，他們悄悄透過旗下子公司製作獨立電影，然後主打高品味觀眾。這些電影刻意模仿獨立電影的手法和風格，厚顏無恥的盡力討好獨立電影迷。「現在，獨立電影這個名稱已經讓人困惑，」電影作家大衛・湯姆森（David Thomson）跟我說：「過去，獨立電影代表一種拒絕平凡的態度，但現在，卻只是一種風格上的差異，一種姿態。」

在大集團的掩護下，獨立電影漸漸茁壯。二〇〇六年，獨立製片在美國囊括了十二億美元票房，占總票房一二%。那一年，日舞影展最紅的電影《小太陽的願望》（*Little Miss Sunshine*，描述一個怪咖家庭帶著七歲小女兒長途跋涉，開車到加州參加選美比賽），以及隔年的《鴻孕當頭》（*Juno*），在發行時都號稱是獨立電影，其實卻是由「二十世紀福斯」集團旗下的子公司「福斯探照燈影業」（Fox Searchlight）所製作與發行。

米拉麥克斯還是能拿下奧斯卡獎，只是原本所享有的利基漸漸被蠶食。原本想在大集團環伺中出奇制勝的米拉麥克斯，最後卻發現自己反被大集團算計。二〇〇五年，在拍完太多像《冷山》（*Cold Mountain*）這類花大錢卻沒賺頭的片子，加上跟迪士尼的關係鬧僵，溫斯坦兄弟離開了米拉麥克斯，另行創立溫斯坦公司，重新打造獨立電影的風格。

當我們同在一起……跟主流觀眾唱反調

好萊塢會對獨立電影產生興趣，其中一個原因要談到上一章所說的「目標定位法」的出現。就像諾拉．瓊絲暴紅後，唱片業紛紛搶食中年商機，電影界現在也開始重視年長觀眾較偏愛的優質電影。他們這麼做當然是有理由的，從一九九〇年代末期以來，走進戲院的觀眾平均年齡逐年增加——部分原因是青少年現在都在家看ＤＶＤ或玩電玩。一九九〇年代，英國電影院觀眾中占最大比例的是十五到二十四歲的年輕人，但是到了二〇〇六年，三十四歲以上的族群成了英國最常進電影院看電影的人。電影院開始改頭換面，讓自己看起來更有大人味，例如增設咖啡館和蛋糕店。

這就是低成本、訴求小眾的獨立電影這幾年來常常橫掃奧斯卡獎，一點都不讓人意外的原因。二〇〇八年美國最賣座的五部電影，分別是《黑暗騎士》（*The Dark Knight*）、《鋼鐵人》（*Iron Man*）、《印第安納瓊斯：水晶骷髏王國》（*Indiana Jones and the Kingdom of the*

Crystal Skull）、《全民超人》（*Hancock*）、《瓦力》（*WALL-E*），全都鎖定青少年觀眾。然而，這五部電影全都沒被提名奧斯卡最佳影片獎。被提名的，幾乎全是更具獨立電影風格的作品——《班傑明的奇幻旅程》（*The Curious Case o Benjamin Button*）、《請問總統先生》（*Frost/Nixon*）、《自由大道》（*Milk*）、《為愛朗讀》（*The Reader*）和《貧民百萬富翁》（*Slumdog Millionaire*）。其實，這些看起來有獨立電影風格的作品，多半是由好萊塢大集團出資拍攝並負責發行。

這些集團收購獨立電影公司，不是要將非主流變成主流電影，而是刻意讓這些公司保持在主流之外。這類電影如果不出差錯，大約能吸引一成的電影觀眾買單。「拍給所有人看的優質電影」已經過時，取而代之的是「拍給高品味成人看的優質電影」。

好萊塢大集團對獨立電影感興趣，還有一個很重要的原因——除了成本很低之外——就是：這種電影的影迷，喜歡跟自己相似的人一起看電影。我們在前一章談到，一般人都不喜歡被輕易貼上標籤。但是，獨立電影的影迷不同。和那些熱中地下文化的人一樣，他們喜歡彼此連結，一起跟主流觀眾唱反調。

因此，正在流失觀眾的大型電影公司們，現在花更多時間在這群觀眾身上。這些大財團所垂涎的，其實不只是這些獨立電影的影迷，他們真正想染指的，是為數更多的非主流文化族群。就像ＩＣＡ，其實一直密切注意文化界的動態，試圖鎖定某些特定類型的藝術家——例如黑人歌手、同志作家、女性製片人等等，以便吸引非主流群眾上門。

其中最受歡迎的，要算是吸血鬼題材了。我剛到ＩＣＡ上班時，恐怖片是當紅的非主流文化，許多粉絲為這類電影著迷。此外，還有科幻小說迷、漫畫迷和科技迷，全都是屬於自己耕耘的領域。我們會邀請他們來利用ＩＣＡ的場地，然後沒過多久，ＩＣＡ就會看見許多次文化人士出沒。這些人雖然不像以前龐克族那麼叛逆又引人側目，但也有自己的服裝特色和儀式，也很想跟主流文化劃清界限。

漸漸被非主流文化攻占的，不只是ＩＣＡ而已。隨著《LOST檔案》（*Lost*）、《噬血真愛》（*True Blood*）和《超能英雄》（*Heroes*）這些影集的叫好叫座，現在的主流電視頻道輕易可見吸血鬼、超級英雄，就是為了吸引這類觀眾。二〇〇九年七月，當導演卡麥隆要預告他的３Ｄ電影《阿凡達》（*Avatar*）時，第一場就是選擇到國際動漫展去，在那場動漫迷的年度盛會上，六千位動漫怪咖傾聽著他講的每一句話。

開闢一塊獨特的niche，培養一片沃土和死忠支持者

像這樣的觀眾，買起書來也不手軟。一般來說，主流小說符合中產階級口味，會從人們的日常生活中取材。這種小說，比較容易爭取到媒體書評、名人上電視介紹，以及讓書店願意擺在比較顯眼的架位上。

這也就是為什麼過去主流媒體一直沒把類型小說放在眼裡，因為他們認為這種作品千篇一律，不過是公式化地重述著人們所熟悉的梗。反之，許多愛好類型小說的讀者也很不爽，覺得自己被主流排擠，也讓他們更深信自己是屬於「非主流」的一分子。

後來，隨著主流小說的銷售成長停滯，類型小說才漸漸抬頭，吸引一些知名作家加入，例如布克獎得主、博學多聞的《愛爾蘭時報》（*Irish Times*）前文學編輯約翰・班維爾（John Banville），就以「班傑明・布萊克」（Benjamin Black）為分身，寫起偵探小說，而且作品大受好評。

這個現象，當然也引來大型出版集團的注意，原因不難理解：首先，作家們大舉投入（因為這是作家們培養粉絲的起點）；其次，行銷人員也喜歡，因為類型小說往往有續集可

以賣；最後，書店也會買帳，因為可以清楚知道該把書擺在書店的哪個架位。

總之，讀者漸漸從中心移往邊陲，大出版集團花了好幾十年費心討好的主流讀者，如今已經崩壞，取而代之的是各種不同類型的買書人——不愛一般的通俗作品，而是對特定類型的書籍著迷。

今天，消費者的文化品味變得更「雜食」，而且能輕易依據自己的喜愛糅合各種不同的文化，根本不需要別人代勞。因此不管ＩＣＡ多麼想把不同類型的文化組合在一起，最後還是徒勞無功，這些文化最後還是各據山頭，而且分別衍生出新的文化生態。在這些新文化生態體系中，非主流與主流之間的差異早已讓人無法辨識，真正關鍵的，是如何找到屬於自己的「小眾」。

如果這時候，非主流文化還在想像如何「挑戰」主流文化，那就搞錯方向了，因為，他們早已超越了主流文化。現在比較傷腦筋的，反倒是那些主流大企業。情勢已經逆轉，主流要倒過來設法挑戰非主流才行。

而主流企業的努力，也讓他們自己成了另一種「小眾」。要在這種新文化生態體系中存活並獲得成功，必須專心開闢一塊獨特的利基，培養一片沃土和死忠支持者才行。

我們ＩＣＡ，就太晚領悟到這一點。陶德在二〇〇五年去職，由艾克．艾順（Ekow Eshun）這位人緣很好的記者接任藝術總監。這當然不是什麼好搞的差事，尤其ＩＣＡ先前才引進許多截然不同的次文化進駐，也讓ＩＣＡ在外界看來是個定位模糊的組織。為了讓社會大眾再次注意到ＩＣＡ，艾順決定大膽向主流靠攏，他的說法是：「要盡可能向更多閱聽眾發聲。」艾順的策略是這樣的：先用一些迎合中產階級喜好的作品來吸引人們走進大門，然後再以較特有的次文化作品來讓人們驚豔。

為了落實這項計畫，艾順雇用了一批人，其中有很多位是來自主流媒體。這群人做的第一件事，就是把ＩＣＡ的logo改掉，將原本簡潔有現代主義風格、代表當代藝術中心的ＩＣＡ三個字母，改成由許多不同大小氣泡組成「當代藝術中心」的英文全名The Institute of Contemporary Arts的圖案。這些氣泡代表水分子，象徵活力十足及多樣性。ＩＣＡ的同仁不是很喜歡新標誌，但新任總監和他所找來的人似乎都很滿意。

在宣布新logo接受訪談時，負責設計的公司創意總監告訴記者，他的用意是讓ＩＣＡ看起來不那麼單調乏味，並多點親切感。「用ＩＣＡ全名是經過深思熟慮的結果，」這位設計總監向《創意評論》（*Creative Review*）說明：「這代表不是只給『內行人』看，而是要提醒人們為什麼該造訪這裡。」

艾順上任後所推動的，不只是換logo而已。他還花錢聘請問卷社會學家在館內觀察，試圖找出造訪該中心的觀眾究竟想要什麼。二〇〇七年，我們改邀化學兄弟（Chemical Brothers）這個從一九九〇年代中期地下夜店文化崛起的樂團在特拉法加廣場擔綱演出；為了報答各方的贊助，我們還舉辦了一場快照展，請藝術家和知名人士用手機拍照參加聯展。同時，我們還辦了一場攝影展，向美國另類搖滾樂團ＲＥＭ致敬；另外也邀前披頭四的保羅・麥卡尼（Paul McCartney）到場演出——其實當時麥卡尼已經不算前衛分子，只是一個常因離婚官司上報的名人。

為了想吸引更多人對ＩＣＡ感興趣，還使出其他巧妙技倆，可惜全都沒有成功。雖然化學兄弟樂團、ＲＥＭ樂團攝影展和麥卡尼現場演出，都吸引了大批群眾到場，但是大家真正感興趣的，並不是ＩＣＡ，所以活動一結束，大家全鳥獸散，根本沒留下來好好欣賞我們所舉辦的前衛展覽。到了二〇〇八年底，大家不得不承認，向主流文化靠攏，根本沒搞頭，不但讓社會大眾更搞不清楚當代藝術中心的定位，也惹惱了中心原有的死忠支持者。

因此，艾順所請來的團隊在二〇〇九年迅速解散。不久後，那個由氣泡組成的新logo也跟著消失，ＩＣＡ發給所有員工一封緊急email，通知大家「盡可能不要使用那個氣泡標誌」。從此以後，ＩＣＡ又恢復以往首字母縮寫的簡潔標誌了。

4

承認吧，你就是「網路老鷹」！

為什麼「分享」很重要

是的，你已經進化成無情的「資訊掠食者」，

用老鷹般的姿態，

在網路上精準抓取自己想要的資訊……

二〇〇九年四月一日，英國牛津一名青少年在臉書上，跟三千英里外美國馬里蘭州的一位女孩聊天。他告訴女孩，自己正要自殺。「我打算做一件已經計畫很久的事，」這名青少年寫道：「等一下大家就會知道了。」

當時是英國當地晚上十一點半。馬里蘭州的女孩對這位牛津男孩一無所知，兩人只是臉書上的朋友，從沒見過面，不過她決定把這件事告訴媽媽。

女孩媽媽覺得茲事體大，趕緊拿起電話打給當地警察局。馬里蘭州警察局接獲消息，馬上聯絡在白宮工作的一名特勤人員，這名特勤人員趕緊致電倫敦市警局。此時是四月二日星期四凌晨零點二十六分，離男孩在臉書上寫下自殺訊息，還不到一小時，倫敦市警局也緊急聯絡牛津郡泰晤士河谷警局的控制中心。這項緊急任務最後交到保羅．賽克斯頓（Paul Sexton）手上。

賽克斯頓是當晚牛津郡的值班警官。八個月後，我特地邀他到牛津地區一家充滿耶誕節慶氣氛的餐廳碰面，了解當天的事發經過。賽克斯頓穿著防彈背心，個頭很小，但神采奕奕，一看就覺得他是那種有能力掌控任何狀況，並設法解決困境的人。

他告訴我，倫敦市警局打電話來通知有人打算自殺時，他真的不知道該怎麼辦。因為那天正好是四月一日愚人節，有可能是惡作劇。就算是真的，他們能掌握的資料也不夠，實在不知從何著手。在臉書上，男孩只公開自己的姓氏，以及看起來像是牛津郡的學校名稱。警方當然可以依照正常程序，設法從女孩的電腦或臉書取得更多資訊，但那會花太多時間，就像賽克斯頓說的：「當時可是分秒必爭，救人要緊。」

於是，他跟十名同事決定：上網人肉搜尋。

「我們用男孩在臉書上的名字，加上學校名稱進行搜尋，」賽克斯頓說，「運氣不錯，他的姓不算太常見，我們在Google網站和選民登記官方網站上，找出學區附近相同姓氏的家庭。」根據當時的警方紀錄，賽克斯頓和十名警官只花了十分鐘，就找出可能是那名男孩的四條線索。透過網路搜尋，到了凌晨一點四十二分，警方把範圍縮小到牛津地區和鄰近一帶的八個地址。

於是，賽克斯頓派了兩輛車，每輛車都坐滿警官，一一查訪這些地址。他們把住戶從睡夢中驚醒，說明自己正跟時間賽跑救人。一直到第五個地址——牛津郊區的一棟房子，終於找到了！當時，警方敲門無人回應，賽克斯頓當場下令破門而入，家長在警方陪同下進入兒子的房間，發現兒子喝了一杯加了安眠藥和酒精的致命雞尾酒，幾乎不省人事。警方將男孩緊急送往醫院，最後救回一命。

警方抵達時是凌晨二點四十九分，也就是男孩在網路上發布自殺訊息約三小時後，警方就完成了救人的使命。「大家欣喜若狂。」賽克斯頓回憶當時的情景。凌晨三點三十一分時，賽克斯頓請控制中心一名同事打電話到美國給馬里蘭州那位女孩的媽媽，把好消息告訴她。

還在Google一個單字？你落伍啦！

馬里蘭州和牛津警方跨國合作的情節，其實只是我們每天在網路的活動之一——只是比較戲劇性而已。今天，我們已經成為對網路資訊貪得無饜的消費者，成了哲學家丹尼爾・丹尼特（Deniel Dennett）和認知科學家史蒂芬・平克（Steven Pinker）所說的「資訊雜食者」（informavores）——也就是頻頻上網、對網路資訊飢不擇食的動物。

不過，上網搜尋資訊的新鮮感正逐漸消失，當無窮資訊唾手可得，許多人早已練就一身好本領，知道如何在網路上找到自己想要的資訊。

以這位牛津男孩來說吧，他只是待在房間裡，就能跳過學校、教會和鄰居，跟遠在幾千英里外的女孩直接聯繫。賽克斯頓發現，這位男孩曾上過自殺網站，很可能這兩位青少年都有過輕生念頭，才會在網路上認識。

不只是這兩位青少年如此。當警方想要盡快找到他、試圖縮小搜尋範圍時，同樣也是跳過正常程序的管道，改用Google搜尋引擎找人。

今天，在網路上搜尋資訊時，我們變得更沒耐性。根據網路專家雅各布・尼爾森（Jakob Nielsen）在二〇〇四年進行的調查顯示，我們當中有四〇%的人會先造訪網站首頁，然後再點選想要的資訊；四年後，這個數字下降到二五%——這表示，我們已經知道如何直接連上我們想要的內容。美國人只用一個單字來搜尋的次數，占搜尋總數的比例從二〇〇四年的二四・五%，滑落到二〇〇九年的二〇・四%；同一期間，同時搜尋三個單字以上的次數則逐年成長。

可見，我們早已不只是「資訊雜食者」，根本已經進化成了無情的「資訊掠食者」。我們用老鷹般的姿態，在網路上精準抓取自己想要的資訊，並進一步加速主流文化的式微。

你「喜歡音樂」、「愛好運動」，還是……「王爾德」？

不過話說回來，其實早在我們開始花時間上網前，主流文化就已經左支右絀了。過去，那些掌控主流文化的大企業何等風光，無論我們是在電影院裡或在大街上購物，都難逃他們的壟斷。後來，我們逐漸逃離他們的掌控，再加上網路的出現，Google、iTunes、臉書、eBay和亞馬遜聯手打造了一整個全新的消費生態，人們可以輕鬆點選幾下，就買到自己想要的東西。更重要的，我們也因此成了資訊掠食者，更容易穿透各種網路資訊，精準找到自己所要的獵物。任何我們不要的東西，都會被我們拋在腦後。我們已經從過去被大企業擺布的獵物，搖身一變成為大企業的掠食者。

在網路出現前，我們是如何尋找那些很難找到的東西呢？通常，是翻閱小廣告。印刷文字廣告的歷史，幾乎跟印刷術一樣悠久，英國第一份印刷文件是在一四七七年，由威廉・卡克斯頓（William Caxton，把印刷術引進英國的人）所印製，內容是說明神職人員應該如何慶祝復活節。後來報章與雜誌出現，分類廣告也跟著誕生，想找工作或找房子的人都會仔細閱讀，很快的，人們開始能透過分類廣告尋人。

到了二十世紀初期，考克斯（H. G. Cocks）在《分類廣告：個人專欄的私密史》（*Classified: The Secret History of the Personal Column*）一書裡提到，分類廣告後來發展成人們的「聊天室」、「單身俱樂部」與「婚姻介紹所」，儼然成了地下文化的大本營——為男女同志、愛玩樂、尋找刺激的人，打造了一個交流的天堂。我們可以從當時的分類廣告中，看見各種語意模糊的文字，例如男同志會稱自己「喜歡音樂」、「反傳統」或「有藝術天分」；說自己「愛好運動」的女人，則通常是女同志的暗號。為了怕這樣寫還不夠清楚，有些同志徵友廣告還會強調自己喜歡王爾德（Oscar Wilde）的作品。

報紙與雜誌，是刊登這類小廣告的絕佳選擇，因為過去當人們翻閱報章雜誌時，通常會全神貫注地閱讀。那時候，印刷機很貴，擁有印刷機的人等於享有傳播新聞和資訊的獨占權，他們會先選出他們認為我們需要知道的新聞，然後印出來給我們看。後來，報業大亨們發現，可以把讀者賣給廣告主，所報導的新聞也從原本的政治和商業領域，延伸到各種生活消息——如社會治安和運動等。此外，政治和商業新聞的報導方式也漸漸改變，除了原本的正常新聞之外，現在增加了一些生動的故事與來龍去脈的介紹——也就是所謂「人情趣味」的報導。跟伍爾沃斯連鎖百貨、企鵝出版社的平裝書、好萊塢電影一樣，報紙在二十世紀中期那幾十年內，也成了重要的中產階級文化推手。

印報紙，就像印鈔票的年代

有很長一段時間，這門生意太成功了。根據法蘭西斯・威廉斯（Francis Williams）在《危險的資產：報業解析》（*Dangerous Estate: The Anatomy of Newspapers*）一書中所說，從一九三二年到一九五七年，英國全國日報的訂戶增加了九〇%，每天有三千萬份報紙送到英國的家家戶戶。但是威廉斯也指出，後來報社的家數逐漸減少，繼續營業的報社大都是由一些豪門世家所擁有，印報紙就像印鈔票一樣好賺。

尤其在主流文化蓬勃發展的這幾十年內，這些報社的規模越來越大。李奧納德・道尼二世（Leonard Downie, Jr.）和麥克・舒德森（Michael Schudson）在為《哥倫比亞新聞評論》（*Columbia Journalism Review*）寫的一篇文章中指出，報紙開始培養「一種對公眾生活更廣泛的了解，除了新聞事件，還包含了整體生活方式與趨勢，而且範圍不只有政治，也涵蓋科學、醫學、商業、運動、教育、宗教、文化與娛樂」。

當報紙的版面越來越大，讀者群越來越多，內容也包山包海起來，從低俗電視節目時刻表，到高品味的藝術評論都有。舉例來說，報紙的閱讀專刊就企圖為一般大眾引薦值得一讀的好書。《華盛頓郵報書世界》（*Washington Post Book World*）在一九六〇年代創刊，《洛杉磯時報書評》（*Los Angeles Times Book Review*）在一九七五年問世，《紐約時報書評》（*New York Times Book Review*）不久就跟進，這三大報的書評，就成了廣大中產階級的閱讀指標。

報紙篇幅的增加，大都是由廣告客戶贊助的。除了原本的分類廣告之外，現在也出現了那種版面更大、色彩更繽紛的廣告，報紙也儼然成了史上威力最強大的廣告媒體。「什麼手法都有，」《廣告美國》（*AdCult USA*）的作者詹姆士·堆徹爾（James Twitchell）說：「有些報紙，每一版都有廣告，有些則是跳頁出現；後來則出現分版概念（配合新聞、漫畫、體育、財經、生活、房屋）、尺寸標準化、網版印刷和凹版印刷、黑白攝影的運用，然後是彩色攝影、夾頁廣告等等，這一切，都是廣告客戶們所推動出來的，目的就是希望能找到自己想要的目標顧客。」

報紙變厚了，有特色的新聞卻變少了

不過，到了一九八〇年代和九〇年代初，許多家族經營的報社落入了大媒體集團手中。為了讓龐大的投資能回收，讓股東多賺點錢，這些集團開始大批解雇記者，轉而向通訊社買新聞。英國記者尼克．戴維斯（Nick Davies）在他的《平面地球新聞》（*Flat Earth News*）一書中說，這個現象在地方報業最明顯。一九八六年到二〇〇〇年期間，英國地方報社有超過一半的記者被解雇，光是一九九六年一年內就有三分之一的地方報社把自己賣給新東家。

這一來，新聞的決定權也從過去的當地編輯手中，移轉到遠在天邊的報社董事會上。這削弱了報社提供讀者當地獨特新聞報導的能力，也讓報社漸漸無法滿足讀者想看當地新聞的需求。在美國，這個現象尤其嚴重，早在網路出現之前，許多美國報紙與雜誌就已經被業者壓榨個半死。

整個一九九〇年代，報紙越來越厚重，但多出來的部分其實幾乎全是廣告。失去編輯活力的報社，不斷設法討好廣告主。漸漸的，問題越來越明顯：為了面面討好，大眾報紙與雜誌賠上了自己的權威與格調。《讀者文摘》從一九七〇年代後期訂戶創新高後，從此大幅下滑，訂戶從一千七百萬銳減到八百萬以下。為了挽救頹勢，《讀者文摘》開始大幅報導名人故事，推出家庭生活百科，結果反而流失更多讀者，因為這樣的內容在其他媒體也同樣能找到。二〇〇九年八月，《讀者文摘》申請破產，隔年二月英國子公司也跟著申請破產。同一時期，主流報紙的書評專刊也開始縮小版面，有的甚至一整版消失，僅存的書評也只求廣不求精。二〇〇九年，《華盛頓郵報》繼《洛杉磯時報》之後，結束書評副刊，這似乎也象徵著一個書評權威時代的結束，也意味著那些迎合中產階級趣味、卻又不是賣得很好的書籍，從此沒戲唱了。

今天，報社編輯部裡出現了一種新型態的新聞報導。這種報導不需要花時間培養人脈，也不必深入研究，只需利用通訊社發的稿子、記者會資料或Google來的二手消息，不必經過什麼查證與採訪就能刊登出來。皮尤研究中心（Pew Research Center）的「新聞優質化計畫」（Project for Excellence in Journalism）在二〇〇九年二月發表的一份報告顯示，現在美國主流媒體有時連重大新聞都不報導了。就在同一年，針對英國《泰晤士報》（*The Times*）、《衛報》（*Guardian*）、《獨立報》（*Independent*）、《每日電訊報》（*Daily Telegraph*）和《每日郵報》（*Daily Mail*）這五家最負聲望的報紙所做的調查發現，五大報的報導內容中，竟然有六〇%是通訊社或記者會所提供的稿子；另外有二〇%的報導是來自同樣的新聞來源，只是稍加改寫過。也由於大家都靠著一樣的新聞素材，報紙雖然變厚了，獨特性卻更單薄了。

不想浪費時間翻報紙，只想看自己關心的新聞

還有，這些報紙與大眾雜誌如今也不得不跳入無邊無際的網路世界。在網路上，各種看起來像是新聞的資訊源源不絕，而且多數免費。在這個新資訊生態體系中，報業也不得不低頭。根據二〇〇九年二月哈佛大學的一項研究，美國網路使用者每月平均上網六十個小時又十二分鐘，其中只有一．二%的時間——也就是四十三分九秒——用於瀏覽新聞網站。過去，報紙掌控讀者的新聞來源，擁有催眠讀者的能力，當然能蓬勃發展，但在網路崛起、有這麼多可供選擇的免費資訊時，報紙的魔力也就隨之消失了。

在先進國家，報紙發行量和廣告量都明顯衰退。經濟合作發展組織（ＯＥＣＤ）三十個成員國中，就有二十個國家的報紙發行量大跌，根據該組織在二〇一〇年發表的一項調查指

出：美國報紙銷售量在前三年內暴跌三〇％，英國報紙的銷量也在同期內暴跌二五％。

有趣的是，報業雖然艱困，「新聞」本身倒是照樣很熱，而且讀者更多，只不過大家看的，不再是登在報紙上的新聞。這種現象突顯的，正是我們在網路上越來越像老鷹般，精準攫取自己想要的資訊。不管人在哪裡，我們學會利用搜尋引擎、新聞連結或朋友的建議，從浩瀚的資訊來源中找到所要的新聞；我們花在單一報紙的時間，越來越少。

二〇〇九年九月，英國七大報官網的造訪人次創下新高，達到一億五千三百二十萬人次，其中只有三五．七％的造訪人次來自英國國內。問題是，讀者究竟是如何閱讀這些網站的？同年六月，紙版的《紐約時報》讀者人數為一百六十萬人，每人每天平均約花半小時讀報；同一期間，該報網站全球造訪人次達一千七百四十萬人，但每人平均一整個月只用了十四分二十四秒瀏覽。

也就是說，並不是我們已經放棄閱讀新聞，而是我們現在用不同的方式閱讀，我們學會了從網路上找到自己真正想看的新聞。

對報業來說，這意味著另一個問題：有些報社認為，自己的新聞有價，因此要讀者付費；但老實說，這些報社網站上的新聞，相較於網路上數不盡的免費內容，往往沒有太大不同——甚至，有些新聞根本是從網路取材來的。

以前要讀遍整版分類廣告，現在改用「搜尋」就可以了

對報紙而言雪上加霜的是，今天當我們需要尋人的時候，也已經懂得利用這種「鷹式」手法。過去，新聞業聰明地將自己定位為橋梁——介於「有東西要賣」的人與「想要買東西」的人之間。以前，如果你想找工作或找個室友，可以買份當地報紙，仔細看看報上的分類小廣告。

但是現在，我們不再像早期那樣，只能靠分類廣告找自己想要的東西了。像Craigslist和Gumtree這類網站，現在就歡迎大家透過它們，免費找自己想要的資訊。在這個新的資訊生態體系中，買賣雙方都不再需要報紙居中引介。根據皮尤網路計畫（Pew Internet Project）進行的一項調查指出，美國人使用Craigslist這類分類廣告網站的人數，在二〇〇五年到〇九年間增加超過一倍，現在美國有十分之一的人口每天使用這類網站。

Craigslist是由舊金山一位網路創業家克瑞格・紐馬克（Craig Newmark）在一九九五年創

辦的，現在這個網站的營運據點遍及全球五百多個城市。二〇〇九年三月，Craigslist已經成為美國搜尋引擎上最夯的關鍵字之一，Craigslist網站的流量也比eBay或亞馬遜網站來得多。紐馬克自稱為網路阿甘，他在推特上的個人網頁談他的庭園餵鳥器，以及Craigslist網站遇到的種種問題。我在舊金山一家咖啡館跟他碰面時，他似乎有點為自己的成就感到不好意思，「我只是個宅男啦。」他這樣自我介紹。

Craigslist旗下的每一個網站，都是各種不同類別廣告的大本營，但是因為每項資訊都加註關鍵字，因此網路上都搜尋得到。換句話說，和過去得仔細讀一整版的分類廣告相比，我們現在可以更快找到自己想要的資訊。

「Craigslist只是提供人們完成一般日常事務的方法，以及提供一個讓大家相互幫忙完成這些事的管道，」紐馬克跟我說。「我說的日常事務，指的是找房子、找工作、買賣東西等等，這些都是小事，但卻是我們每天都得面對的。基本上，Craigslist就是讓人們透過網路搜尋，找到彼此所需。」靠著這個想法，根據皮尤網路計畫的統計，Craigslist與其他分類廣告網站在二〇〇〇年到〇九年之間，害得報紙分類廣告營業額衰退高達七〇%——從一百九十六億美元大幅減少到六十億美元。

當紐馬克在舊金山一棟維多利亞式建築的小房子裡，跟三十位同仁一起架設這個網站，開創這個龐大的線上分類廣告生態體系時，他們等於向美國報業扣下扳機。光是二〇〇九年，美國就有一百四十二家報社結束營業。根據「報業裁員」（Paper Cuts，一個媒體業部落格）的資料顯示，從二〇〇八年起到〇九年年底，報業就裁掉了三萬個工作機會。

我採訪完紐馬克之後，他把《紐約時報》攤開。我跟他說：「顯然還是有人看報紙。」他聳聳肩說：「我是很老派的。」

我們支解了報紙，也支解了CD……

如果說，報紙現在已經是瀕臨滅絕的物種，那麼音樂專輯肯定也是。

三十五歲以上的人應該都有過在街上唱片行買專輯的經驗。當時，單曲只是吸引人們買專輯的技倆；而且當樂團開始推出新專輯，上一張專輯的單曲通常再也買不到。但是現在，情況再也不是那樣了。

二〇〇九年，美國人花在買音樂的錢，比過去都多，但傳統音樂專輯的銷售量卻連續五年下滑；相反的，數位單曲下載卻激增為十一億六千萬，比前一年增加八．三％。英國的情況也差不多，根據英國唱片業協會表示，二〇〇九年的音樂專輯銷售連續五年下滑，實體唱片行的營業額也大幅衰退，但單曲的銷售量持續激增——二〇〇七年賣出八千九百萬支單曲，隔年攀升到一億一千五百一十萬，到二〇〇九年英國單曲銷量創新高到一億五千二百萬。

費心耗時彙整這些數字的四十二歲音樂迷馬汀．塔伯特（Martin Talbot）說：「記得一九七〇年代晚期，我開始迷大衛．鮑伊（David Bowie）的音樂，當時我只能到實體唱片行才買得到，而且選擇也少得可憐；還有，為了一首想要的單曲，你通常得買下一整張專輯，就算你不想要專輯裡的其他曲子。現在，你不但能買到大衛．鮑伊錄過的任何一張專輯，也能從各種音樂網站上挑選任何一張專輯中的某支單曲來聽。」

就像報紙，音樂專輯如今被掠食性的消費者支解——從專輯變成單曲，每支單曲都能放在網路上銷售，不再受實體店面的限制，消費者隨時都能買到。

我還記得，我最近一次買音樂商品，就是坐在我跟塔伯特約在滑鐵盧見面的同一間咖啡館裡。當時，我聽到一首歌覺得很喜歡，但不知道歌名，於是拿起iPhone，打開線上音樂識別應用軟體Shazam，按下手機畫面上的按鍵。很快的，Shazam不僅告訴我這首歌是小妖精樂團（Pixies）一九八八年專輯《衝浪者羅沙》（*Surfer Rosa*）中的〈我的靈魂在哪？〉（Where is my Mind?），還馬上將我連結到iTunes的清單上，這一來，我就能輕鬆點選購買這首歌。於是，按下幾個按鍵後，這首歌就順利下載到我的帳戶裡，幾分鐘前，我甚至不知道這首歌的存在。要是我沒能找出這首歌是誰唱的、歌名是什麼，也沒辦法馬上下載，或許就不會費心去選購這首歌了。

手拿智慧型手機嗶嗶作響，像老鷹般穿梭賣場……

我們像老鷹般精準地攫取資訊的做法，正在改變我們的購物方式——包括購買那種無法透過網路傳輸的商品在內。

根據加州柏克萊大學經濟學家約翰·摩根（John Morgan）和他的同事一起進行的一項研究發現，透過比價網站購買電子產品，買到的價格通常會比定價低一六％，而且當有更多間商家列出價格，比價的效果越大，購物者就能省更多錢。耶魯大學學者進行的另一項研究也指出，利用網路查詢車價的購車者，比那些沒有先在網路上詢價的人，多省了二·二％的錢；而且，由於網路上資訊取得容易，已經讓汽車經銷商的平均毛利率減少二二%。

而這一切改變，只能算剛揭開序幕而已。等到我們可以用手機掃描所有商品，在手機上直接看到其他家商店的價格時，店長只能眼睜睜地看著我們手拿著智慧型手機嗶嗶作響，像老鷹般穿梭賣場。

以買書來說吧，一般實體書店所陳列的書約四萬到十萬種，但是亞馬遜網站讓使用者能馬上找到好幾百萬種紙本書，外加幾百萬本電子書。根據麻省理工學院經濟學家所做的一項調查評估，對買書者來說，這種任意漫遊、搜尋自己想要之物的「自由」，比線上零售業者所提供的優惠價格更被珍視。

再想想看，我們現在是怎樣利用eBay這個拍賣網站的呢？就跟Craigslist、亞馬遜網站一樣，eBay也是規模龐大的線上生態體系，持續吸引買家和賣家到訪。eBay就像超市與大賣場，會把商品分成好幾千種，不過因為每個商品都標註電子資訊，所以用戶大都喜歡使用搜尋欄位直接找東西，而不用花時間瀏覽商品類別。結果，我們到eBay買的，多半是在超市買不到的東西，例如你小時候玩過、市面上已經沒賣的玩具，或是很特殊的電腦零件以及別處都找不到的音樂專輯等。

顯然，大家似乎都是想在eBay上尋找某種自己要的東西。一九九五年這個網站賣掉的第一樣東西，就是創辦人皮耶．歐米迪亞（Pierre Omidyar）那台報廢的雷射印表機。歐米迪亞自己都嚇一跳，這種東西竟然有人要買，他寄出得標信給買家，確認對方知不知道自己買到了什麼。對方的回信直截了當：「我專門蒐集壞掉的雷射印表機。」不久後，這個網站就成了各種奇珍異品收藏家的聚集處。

基本用品盡量省，高檔好貨敢敢花！

消費者通常有心理準備，願意多花點錢標下自己想要、卻在其他地方很難找到的東西。長期研究網路行為，目前在加州雅虎實驗室（Yahoo! Labs）工作的經濟學家大衛．萊利（David Reiley）說：「在家裡的車庫賣二手貨，你不太可能讓來的人都能看到自己很想要的東西，所以你很難賣到好價錢，但是拍賣網站不同，如果網路上某個來自愛德荷州的小子在收集一九三〇年代飯店菸灰缸，正好對你用過的老菸灰缸有興趣，那麼你的價錢當然可以賣高一點。」

Google首席經濟學家哈爾・瓦里安（Hal Varian）也有同感，我到Google位於山景城的總部拜訪他時，他就跟我說：「網路將分散世界各地的買家和賣家聚集在一起，撮合雙方完成交易。」當市場出現更多買家，對賣家來說當然是好消息，畢竟對賣家最重要的是，誰願意出最高價購買。瓦里安表示，網路交易的普遍效應是「容易複製的物品，價格會越來越低；但是那些在某方面獨具特色的東西，價格通常會走高」。

當一樣東西真的是獨一無二的，價格甚至會飆出天價，比方說二〇〇九年二月時，伍爾沃斯的前店長把挑揀糖果用的袋子，放在eBay網站上拍賣，經過一百一十五次激烈的出價競標，最後以一萬四千五百英鎊賣出。

對我們這些資訊掠食者來說，這種購物經驗簡直棒呆了。一方面，對於那些網路上到處都有賣的東西，我們更容易貨比三家，讓我們能用便宜的價錢買到；但另一方面，那種較特別的物品，我們也願意花更多錢買下。

對許多購物者來說，這兩種情況很可能是相關的。二〇〇六年，波士頓顧問集團（Boston Consulting Group）針對美國購物者所做的一項研究推測，人們會刻意在基本用品上少花點錢，這樣就能有多一點的錢買高品質又有特色的商品——例如頂級食材，或是高檔家具——這些人們很在意卻無法輕易花錢買的東西。研究人員覺得這個現象很像一場尋寶遊戲，為「低價」市場帶來每年一兆美元產值，同時也為「高價」市場創造五千三百五十億美元。兩年後的一項研究發現，巴西、印度、日本和十個歐洲國家，都發生同樣的情況。

當我們越來越習慣上網購物，這場尋寶遊戲必定會加快速度。過去這幾十年來，許多陪伴我們長大的中價位主流產品，已經變得跟其他更便宜的替代品沒兩樣。現在，有那麼多資訊唾手可得，讓我們更容易穿越市場的中間地帶，找出品質獨特的超值商品。

對零售業者和新聞媒體來說，很重要的一堂課就是：如果你無法靠著提供大量基本商品存活，那你最好提供人們非常渴望、卻在別處找不到的東西。在這個新環境下，被困在市場中間地帶，絕對不是好事。

關鍵字廣告，只是二十一世紀版本的分類廣告

還記得我先前購買「小妖精樂團」單曲的經過嗎？我坐在咖啡館裡，聽到一首歌很好聽，於是用線上軟體找出這首歌的歌名。接著，我不但知道歌手和歌名，網路上也提供

iTune網頁連結給我。

這個帶領我們進入浩瀚音樂世界的軟體，叫做Shazam，它的資料庫能識別八百萬首歌，你想找什麼樣的歌都可以問它。重點是，當我使用Shazam找到我要的歌曲時，我也等於在告訴它，當時的我對什麼樣的音樂感興趣。Shazam傳給我的訊息，其實就是二十一世紀版本的分類廣告，而這也正是這家公司賺大錢的利器。

Google賺錢的手法也一樣，只是範圍更大。儘管Google的野心很大，希望有朝一日萬事萬物都可以上網搜尋得到，但目前為止這家公司之所以能進帳數十億美元，靠的還是出現在搜尋結果頁面旁、最基本的文字廣告。Google這麼賺錢，原因很簡單：Google提供了過去無法想像的線索，幫助廣告客戶了解人們的意圖。比方說，假如我搜尋「夏威夷」這個詞，很可能意味著我想去夏威夷度假，因此Google就會直接秀出夏威夷觀光局和一些防曬乳的連結。

現在的政治人物也很敢用關鍵字廣告。以美國總統大選來說，巴拉克・歐巴馬的競選團隊就砸下五百萬美元的廣告費到Google，主要是買下最常用的搜尋關鍵字。例如，要是有人在Google搜尋欄位輸入「巴拉克、穆斯林」（Barack Muslim）這類字眼，搜尋結果頁面就會出現一個連結，告訴搜尋者歐巴馬不是穆斯林；如果在搜尋欄位輸入「糖尿病」（diabetes）一詞，就會看到一個連結網頁寫著「約翰・馬侃（John McCain，二〇〇八年歐巴馬競選總統的對手）的健保方案沒把糖尿病納入健保項目」。

就像Shazam立刻建議我購買剛聽過的音樂，Google的文字廣告其實就跟舊式分類廣告沒兩樣，差別在於：它鎖定了真正對那些廣告感興趣的人。造成的結果是，賣家與潛在買家相遇的方式改變了，也讓買賣雙方之間新的媒介隨之崛起。

在任由我們搜尋想要東西的同時，這個龐大的資訊生態體系也在追蹤我們的足跡。當我們在網路上瀏覽，很容易就忘記了自己在網路上留下哪些足跡。事實上，Craigslist網站創辦人紐馬克本來根本沒時間跟我見面，是我算準時間埋伏在他經常出沒的地點。我追查紐馬克過去幾個月在推特和Foursquare打卡程式上的動態，發現他通常會在早上十點半左右，到舊金山嬉皮區（Haight-Ashbury）某家咖啡館。所以我打算碰運氣，搭機飛到舊金山，從下榻旅館走到那間咖啡館守株待兔。果然，我才到了十分鐘，就見他慢慢走進來，我向他說明來意，幸好他沒打電話報警抓我，還親切地請我一起喝咖啡。

老在花時間搜尋，是很累人的事

掌握這個生態體系的業者們，當然更有能力緊盯我們在網路上的行蹤。亞馬遜網站和eBay記下我們每一次購買和瀏覽紀錄，以便提供後續購買建議。使用Gmail的用戶，會收到跟電子郵件內容文字相符的廣告。

對於那些想把東西賣給我們的業者來說，我們這些資訊掠食者的問題出在：我們在網路上進出的速度太快，使得他們很難知道我們是誰。因此，如果業者們能合作把我們的網路行蹤資訊串起來共享，或是付錢給像Google這樣的公司，追查我們的網路行蹤，那麼他們就能更精確地知道我們喜歡什麼，然後在我們經常出沒的路徑上，先安排好適當的廣告。

其實，業者們早就這麼做了。比方說：要是有人在Google上輸入BMW當搜尋關鍵字，然後連結到《紐約時報》的汽車專欄，那麼這個人有可能正打算買車；造訪過親子網站的新手媽媽，即使逛到其他網站，也會看到一些嬰兒服飾廣告。而且這種廣告不只在我們上網時出現，當我們關上電腦出門逛街，我們口袋裡的手機正以定位技術搜尋我們的位置，Google與推特在我們的許可下，運用這個位置資訊追查我們的行蹤。另外像Google Latitude，讓我們可以從地圖上看到朋友在哪裡，還有像Foursquare這種手機應用程式，也鼓勵我們走到哪裡就打卡簽到。這種情況，就像是伍爾沃斯門口的警衛被允許尾隨我們到店裡購物，每一次我們拿起什麼東西或查看某樣商品的價格時，他們就會低頭記錄下來，即便我們走出了店門，我們的瀏覽紀錄也會永遠留在那裡。

我可以輕易利用網路上的公開資料，預測Craigslist網站創辦人紐馬克的行蹤；同樣的，我們在網路上留下的資料，也讓企業更容易預測我們接下來會去哪裡。有時候，我們在網路上留下的資料會呈現一種規律模式，讓掌控資料的人能早在我們輸入訊息前，就預測到我們的意圖。例如當你在Google搜尋欄位裡輸入「天氣」（weather），就會自動出現一些相關字串如「當地天氣預報」等。

透過掌握我們在網路上不同連結之間瀏覽的模式，業者們有時能比我們更早知道我們想要什麼。二〇〇六年，紐約專門從事行為鎖定的塔科達公司（Tacoda）發現，最可能租車的人，其實不是在網路上搜尋過租車資料者，而是最近在網路上看過訃聞的人。「消費者或許大概知道自己想要什麼，」塔科達公司創辦人戴夫．摩根（Dave Morgan）二〇〇八年告訴《廣告時代》（*Advertising Age*），「卻不確定自己真正要的東西。」

以先前牛津那位企圖自殺的青少年來說吧，他在臉書上留下的資料，足以讓警方知道他念什麼學校，但是要更進一步追查，警方就必須借助Google才行。不過，那還不是男孩在網路上留下的唯一電子足跡，要是有人能從男孩使用的電腦查到他自殺前一週的上網紀錄，就會發現原來他還逛過自殺網站。當然，不是每個造訪自殺網站的人都想自殺，不過讓人驚訝的是，這種追查結果竟然如此準確。一旦警方把男孩的上網資料加以彙整並釐清當中的關聯，就能掌握到當事人的所有資料。

當每樣東西都標註電子資訊被放到巨大的線上生態體系中，我們這些資訊掠食者更容易精準掌握自己要搜尋的東西。但是，這種情況同樣也對大企業有利，我們使用搜尋引擎時在網路上留下的足跡，也讓大企業輕易找出我們喜歡什麼，接下來打算做什麼。

對於開始覺醒的大企業來說，新環境的所有景象都讓他們大為震驚。過去，他們習慣掌握龐大的市場中間地帶，現在，這個地帶卻支離破碎。當人們能輕易在網路上找到自己真正想要的東西時，倘若這些大企業繼續提供沒什麼特色的商品、想要討好所有的顧客，就會在網路新環境中遭到無情的淘汰。當然，大企業們可以和掌控資訊生態體系者攜手合作，追查我們在網路上的動靜，但是他們也必須有能力提供我們更獨特的商品和服務，才能繼續在市場新環境中生存。

儘管我們這些資訊掠食者，現在能專注在自己有興趣的事情上，並不表示我們就會把所有時間都花在搜尋稀奇古怪的東西上——畢竟，不是人人都對小妖精樂團的老歌有興趣。當可以選擇的東西越來越多，我們的喜好會更多元，取得這些東西的方式和管道也跟著變多。一直花時間搜尋是很累人的事，這也就是為什麼，我們懂得尋找同好互通有無，試圖找出哪裡有便宜的機票、哪裡有好吃的東西。當然，前提是：我們必須找到「值得分享」的東西。

5

黑道家族，驚聲尖叫！

尋找「巢穴」的消費者

當選擇越來越多，不表示我們都想要不一樣的東西。
相反的，我們想跟一大群人一起，而不是自己一人落單。

「來，先請問大家一個問題。」一九九五年秋天，克里斯．艾布瑞（Chris Albrecht）剛接任美國有線頻道HBO節目部總監不久，找了公司主管一起開會。

「我們真的相信，HBO真是我們口中所說的那個獨特、優質、領先、值得掏錢的視聽享受嗎？」現場一片沉默，這讓艾布瑞更加確信，自己接下來該怎麼做。

想看卻無法免費看到，只好乖乖掏錢……

一九七二年十一月八日開始營業的HBO，是由查爾斯．杜蘭（Charles Dolan）創辦。剛開始，節目表上有保羅．紐曼（Paul Newman）演的電影《永不讓步》（*Sometimes a Great Notion*），以及紐約遊騎兵隊（New York Rangers）和溫哥華隊加拿大人隊（Vancouver Canucks）的冰上曲棍球賽。當時，這個頻道只有三百六十五位收視戶，而且也只限賓州東北部威克斯巴勒（Wilkes-Barre）才能收看。

但其實那時候的美國人，實在沒什麼花錢看電視的必要，因為三十年來託大量廣告收入之賜，看電視都是免費的。只要坐在沙發上，就可以看到免費的CBS、NBC和ABC節目。電視廣告費之所以貴得驚人，正是因為這三台聯手寡占了電視業。杜蘭說，ＨＢＯ知道自己不可能跟這三大電視競爭，但如果ＨＢＯ能提供某種人們真正想看、卻在別處看不到的節目，那麼一定會有人願意花錢。

剛開始，這所謂的「某種」節目，就是好萊塢強片的電視首播，以及現場直播的運動比賽、音樂會和脫口秀。ＨＢＯ的第一次衛星直播，是在一九七五年十月一日，取得拳王阿里（Muhammad Ali）和喬・弗雷澤（Joe Frazier）爭奪世界拳王寶座的獨家轉播權。

很快的，ＨＢＯ成了觀眾心中值得花錢的頻道。到了一九七六年，ＨＢＯ的收視戶就從一萬五千戶增加到二十八萬七千一百九十九戶，一九七七年底更暴增到六十萬戶，營運也首度轉虧為盈。接下來的十年裡，ＨＢＯ陸續買下李察・普萊爾（Richard Pryor）脫口秀和芭芭拉・史翠珊（Barbra Streisand）演唱會的播放權，收視戶數也迅速增加，艾布瑞在一九八五年加入ＨＢＯ時，ＨＢＯ的收視戶就已經高達一千四百六十萬戶了。

不過，就在一九九〇年代初期，ＨＢＯ收視戶數開始不再大幅成長，而其他頻道也來分一杯羹，例如一九七六年創立的Showtime，也在搶強片首播與演唱會轉播。一九九五年，當收視戶停在一千九百萬戶時，ＨＢＯ高層決定該是改變的時候了，艾布瑞也因此被委以重任。

這裡是一百萬美元，寫齣好劇來瞧瞧吧！

剛過四十歲的艾布瑞，外型看起來比較像夜店保鑣，不太像電視台主管。同業都知道，只要遇到喜歡的編劇和節目製作人，他就會全力相挺。艾布瑞與首席製作人卡洛琳．史特勞斯（Carolyn Strauss）搭檔，開始將ＨＢＯ轉型為優質電視影集的天堂。這當然要花很多錢，所以他將原創節目的年度預算，一口氣從五千萬增加到三億美元，也把開發新節目所需資金（相當於一般企業的「研發預算」）拉高為每小時四百萬美元。另外，他也大幅減少自製節目的數量，好確保ＨＢＯ只製作最棒的節目。

艾布瑞最讓人津津樂道的創舉之一，就是給編劇們自由發揮的空間。他在出任節目部總監後，回頭找曾經一度被ＨＢＯ整慘的編劇湯姆．方塔納（Tom Fontana）——ＨＢＯ曾經多次退回方塔納的劇本，而且逼他一改再改。「我們錯了，」艾布瑞記得自己這樣跟方塔納說：「這裡是一百萬美元，就照你意思，寫一齣好劇來給大夥兒瞧瞧吧！」

兩年後，方塔納交給ＨＢＯ一齣描寫監獄生活的影集劇本，叫做《監獄風雲》（*Oz*）。這種大膽描繪監獄裡的同性戀、暴力、幫派和強暴問題的內容，當然不可能在美國各大電視台播出。然而，這部影集在ＨＢＯ播出後卻大受歡迎，也大大鼓舞了美國的其他編劇們。

其中一位受到鼓舞的，就是大衛．柴斯（David Chase）。他一直想寫美國紐澤西州一群黑手黨面臨中年危機的故事，艾布瑞花了點時間評估之後，同意讓柴斯寫寫看。不過，其實艾布瑞並不怎麼喜歡這樣的劇情——黑手黨老大居然會親自帶著女兒參觀大學，然後還在途中發現幫裡的人是警方線民，最後把線民殺了。ＨＢＯ的主管們也不能接受這影集的名稱——《女高音們》（*The Sopranos*，台灣譯為《黑道家族》），覺得這個名字聽起來很像是什麼小眾型的歌劇紀錄片。不過，柴斯拒絕改片名，艾布瑞最後決定照柴斯的意思去拍。結果，《黑道家族》在一九九九年一月首播，立刻大受好評，《紐約時報》認為這部影集可能是「過去二十五年美國流行文化最傑出的作品」。

我就是想做那種能讓我說「幹」的節目

《黑道家族》的成功，也從此改變了電視業。這部影集為ＨＢＯ帶來扎扎實實的七百五十萬名觀眾，到了第三季更吸引了一千一百三十萬人收看，二〇〇二年播出第四季時，收看的觀眾已高達一千三百四十萬人。這是有線頻道史上，第一個足以和無線頻道在收視人數上一較高下的節目。

艾布瑞和ＨＢＯ當然也因此上了寶貴的一堂課：**放手讓編劇發揮——而不是老在旁邊下指導棋——是能幫電視台賺錢的**。

後來，讓ＨＢＯ賺大錢的不只有《黑道家族》，一九九八年開播的《慾望城市》（*Sex and the City*），同樣贏得廣大觀眾的支持。當一部又一部影集不斷締造超高收視率，ＨＢＯ也為母公司時代華納公司帶來前所未見的獲利，光是二〇〇一年，就締造二十五億美元的營收，獲利高達七億美元。後來艾布瑞用這些賺來的錢繼續投資最優秀的人才，當大家聽說ＨＢＯ的編劇們都賺得荷包滿滿，更讓ＨＢＯ氣勢如虹。在一九九六年到二〇〇一年這段期間，ＨＢＯ節目中原創自製節目的占比，從二五％增加到四〇％。

ＨＢＯ終於找到自己想要的答案——持續製作除了ＨＢＯ外，其他頻道所看不到的優質原創影集，這樣觀眾才會願意付費收看ＨＢＯ。不僅如此，艾布瑞開始明白，給予編劇和製作人更大的發揮空間，更可能製作出有突破性且令人驚豔的作品。

「打從ＨＢＯ決定信任柴斯的那一刻起，」《黑道家族》共同編劇暨《廣告狂人》

（*Mad Men*）製作人馬修．威納（Matthew Weiner）說：「等於決定放手讓節目製作團隊去發揮，他們明白，只有這麼做，才能製作出真正獨特的節目。」

然而，要讓編劇盡情自由發揮，並沒有想像中容易。ＨＢＯ要打造出自己的特色，其實吃了很多一般電視台所沒有的苦頭。「我就是想在能讓我說『幹』的節目演出。」《人生如戲》（*Curb Your Enthusiasm*）的一位演員說。ＨＢＯ的節目似乎總是與性愛、褻瀆和暴力有關，而這樣的劇情在受限較多的主流無線電視台通常無法播出。從一九九六年，ＨＢＯ常打的一句口號是「這不是電視，是ＨＢＯ」（It's not TV, it's HBO），學者馬克．李維瑞特（Marc Leverette）形容，這句口號講白了，就是指「滿口髒話的電視哲學」。二〇〇一年，當著名編劇亞倫．波爾（Alan Ball）帶著描繪洛城葬儀社的黑色幽默劇本登門拜訪時，ＨＢＯ主管提出的唯一問題是：「你可以把劇情弄得更他X的複雜嗎？」

給一般觀眾看？難怪你收視率這麼爛……

當然，觀眾喜歡ＨＢＯ影集，不只是為了聽髒話。當一個故事能被切割為五十或六十個小時來慢慢講，當然會讓人們重新理解電視「說故事」的能耐。艾布瑞在二〇〇二年接任HBO董事長兼執行長，就在那一年，他推出了《火線重案組》（*The Wire*）這部大製作——講述沒落中的巴爾的摩市裡的貧窮與犯罪故事。但就像HBO的很多影集，如果只是零星地看一、兩集，你會看不懂《火線重案組》在幹嘛。因為這部影集打從一開始就刻意複雜，而且用許多俚語和快速進展的劇情，讓一般隨興轉台來看的觀眾摸不著頭緒。這樣的策略，等於是在告訴世人：並不是所有電視節目，都是你可以一看就忘的垃圾；相反的，如同讀一部小說，只要你願意投入更多時間，就會有所收穫。

「第一季的《火線重案組》，是一次演練，」製作人大衛・賽門（David Simon）說：「我們在訓練觀眾，用不同的方式看電視。」

賽門也的確培養了一群不同類型的觀眾。過去，主流電視台一直主張，做節目是給一般觀眾看，劇情就該簡化、不可以太難懂。但賽門一點也不想這麼做，在接受《衛報》（*Guardian*）訪問時，他說：「去他X的一般觀眾。」那些偶爾才看一集、什麼事都得解釋才能看懂——其實正是HBO過去的衣食父母——的觀眾，他根本不想理。過去，HBO的觀眾只有在想要看強片或重要音樂會時，才會轉到HBO，賽門和艾布瑞都認為，光這樣是不夠的。

「ＨＢＯ必須更有價值才行，」艾布瑞在二〇〇二年告訴《好萊塢報導》（*Hollywood Reporter*）：「因此我們更努力發展自製影集這塊市場，我們已經把ＨＢＯ轉型成一個觀眾會固定收看的頻道……這是一個巨大卻必要的轉變。」事實證明，ＨＢＯ的轉變是正確的——到了二〇〇四年，ＨＢＯ每年獲利超過十億美元，成為電視史上獲利最豐厚的頻道之一。

艾布瑞的成功，是因為他領悟到當遙控器、錄放影機和硬碟錄影機唾手可得，觀眾會更像老鷹般去尋找自己想看的節目。艾布瑞大膽專攻精緻節目，為ＨＢＯ開闢出一塊利基市場。跟我們這些資訊掠食者一樣，他成功地縮小ＨＢＯ的戰場，但是他不是想讓較少人看ＨＢＯ，而是打算用更誘人的節目，讓觀眾對ＨＢＯ上癮。

拚命想抓住觀眾，卻淪為毫無特色可言

艾布瑞和ＨＢＯ打了漂亮的一仗，但要不是大環境改變了，這樣的策略未必能奏效。

一九五〇年代到七〇年代期間，美國家庭只能收看三大電視台的節目，在黃金時段，三

大電視台加起來能吸引高達九成觀眾。但隨著ＨＢＯ這類有線頻道激增，美國家庭能收看的頻道數目從一九七〇年的七．二個頻道，激增為二〇〇五年的九六．四個，再加上人們上網看影片和影集的時間增多，三大電視台的觀眾三十年來大幅流失。二〇〇四至〇五年，美國只有三二％的觀眾在黃金時段收看三大電視台的節目。英國的情況也差不多，在一九九九年到二〇〇八年期間，無線頻道被有線頻道搶走的觀眾，從一四％增加到三八．八％。多年來，英國廣播公司第一台（ＢＢＣ１）和獨立電視台（ＩＴＶ）眼睜睜地看著收視人數逐漸下滑。如今，**連電視節目評論員都成了瀕臨絕種動物——畢竟，一個節目的收視人數那麼少，評論還有什麼意思？**

二〇〇〇年夏天，在ＡＢＣ推出每週播出四次的益智節目《百萬富翁》（*Who Wants To Be A Millionaire?*）大受歡迎後，其他電視台也一窩蜂跟進，推出各種競賽節目。沒多久，這些電視台全都陷入了「大型」節目的迷戀中——除了益智節目之外，還有實境節目如《我要活下去》（*Survivor*）和《老大哥》（*Big Brother*），以及像《美國偶像》（*American Idol*）和《X音素》（*The X-Factor*）這類選秀節目。

這類節目看來滿成功的。以英國來說，二〇〇九年五月《英國星光大道》（*Britain's Got*

Talent）第三季最後一集播出時，由一夕暴紅的蘇格蘭歌手蘇珊・波伊爾（Susan Boyle）擔綱演出，吸引一千九百二十萬人收看，等於收視率高達六八%，是英國五年來收視率最高的節目。同時，《美國偶像》也成為史上最受歡迎的節目之一，在二〇〇四到〇九年間，創下美國電視收視率最高紀錄。

根據美國聯邦通訊傳播委員會的一份報告指出，這類節目的製作成本通常比戲劇節目便宜得多，但獲利可觀。尤其，當主流文化不再能呼風喚雨，這類節目讓廣告客戶可以暫時先把「目標顧客」擺一邊，只要在這些節目打廣告，就能一舉打中大部分消費者。

問題是，當每一家電視台都採用同樣的策略——不想花大錢製作戲劇節目，改以競賽節目吸引觀眾——結果就是每一個節目都很像。二〇一〇年十月，ＩＴＶ總裁亞奇・諾曼（Archie Norman）就抱怨自家頻道陷入「收視率競賽」的困境，迫切想爭取觀眾，卻讓自己「變得一點特色也沒有」。一週後，ＢＢＣ也坦承旗下主要頻道的節目，大都變得「千篇一律」，有損ＢＢＣ的聲譽。拚命想抓住觀眾，最後卻淪為毫無特色可言。

我們還是想跟一大群人一起，而不是自己落單

《連線》（*Wired*）雜誌總編輯克里斯．安德森（Chris Anderson）在二〇〇六年出版的著作《長尾理論》（*The Long Tail*）中指出，實體商店的架位空間有限，只能仰賴少數暢銷書或影片帶來業績；但網路商城沒有空間限制，消費者可以在網路上買到任何想要的東西。因此安德森預測，「少數的暢銷商品」時代已經結束，未來靠的是「大量的小眾商品」。

當然，實際的情況不見得如他所預測。安德森之所以會有這樣的觀點，是受到亞馬遜網站和eBay拍賣網站的啟發，但並不是每家公司都能像這兩家巨人，有這麼多的「長尾」商品可賣；就算有，也未必能帶來多大的銷量。

相反的，哈佛商學院教授安妮塔．艾伯斯（Anita Elberse）曾於二〇〇八年研究美國和澳洲人如何上網買音樂及DVD，結果發現：熱賣商品比過去賣得更好。「長尾」當然存在——能上網買到的書和音樂，的確比過去增加很多——但這些商品往往很快就被埋沒在浩瀚商品中，消費者壓根兒不知道它們的存在。造成的結果是：賣得最好的那些商品，遠比過去更獨霸市場。例如英國在同一年稍晚所進行的網路音樂銷售研究就發現，前一年網路上販

售的一千三百萬支單曲中，有超過一千萬首無人聞問，最受歡迎的五萬二千支單曲，占了單曲總銷售量的五分之四。

電視界的情況也一樣。安德森認為，從美國三大電視台流失的觀眾，會分頭尋找自己喜歡的節目，最後形成一股長尾現象。結果也不是如此，以二〇〇五年的情況來說，美國人平均有九六・四個頻道可以選擇，觀眾卻花大多數時間收看其中一六・三個頻道，包括三大電視台、MTV、HBO、CNN等。

換言之，雖然我們這些資訊掠食者可以隨時取得自己想要的東西，但並不表示我們都想要不一樣的東西。當可供選擇的東西越來越多，我們反而想跟一大群人一起，而不是自己一人落單。

觀眾重新聚集到一個新地盤——「巢穴」

硬是把商品一分為二——暢銷商品在一端，冷門小眾商品在一端——無法解釋主流文化崩壞後的真實狀況。以電視業來說，當主流崩解，我們看見了一個新生態的誕生：觀眾漸漸重新聚集到一個新地盤——我稱之為「巢穴」（nesting）的地方——避開外界的干擾。

二〇〇九年耶誕節前夕，我坐在倫敦一家戲院裡，等著紐約大都會歌劇院的布幕升起。我望著數位銀幕上、紐約大都會歌劇院的現場觀眾，身邊則是許多穿著貂皮大衣的貴婦。那場長達四小時、現場直播歌劇《霍夫曼的故事》（*Les contes d'Hoffmann*）的演出，當然不是每個人都聽得下去，節目進行得也不是都很順暢，比方說：我們在倫敦的觀眾老是不知道什麼時候該鼓掌。不過，對我這種歌劇新手來說，那次體驗可是畢生難忘。

現場直播看歌劇，當然不是什麼新鮮事。一九五〇年時，ＮＢＣ就委託義裔美籍作曲家梅諾帝（Gian Carlo Menotti），特別為電視寫下史上第一齣歌劇。剛開始，梅諾帝半信半疑，也不知道要如何寫起，據說是一直到他有一天在紐約大都會博物館裡漫步，突然看到荷蘭畫家希羅尼穆斯．波希（Hieronymus Bosch）的畫作《耶穌的誕生》（The Nativity），立刻有了靈感，結果寫下了一齣聖誕歌劇《阿瑪爾和夜訪者》（*Amahl and the Night Visitors*），在一九五一年耶誕夜於紐約市洛克斐勒中心首演，並由ＮＢＣ現場轉播給五百萬名觀眾收看——到目前為止，仍是電視史上最多人看過的一齣歌劇。

接下來那十五年，《阿瑪爾和夜訪者》成了ＮＢＣ耶誕節必播的節目之一。ＢＢＣ後來有樣學樣，也為英國觀眾製作了幾齣歌劇。一直到一九七〇年代後期，歌劇和古典音樂才被主流電視台打入冷宮。《紐約客》古典音樂樂評家艾歷克斯．羅斯（Alex Ross）告訴我：「一九五〇年代，電視台業者說歌劇值得重視，是必須投資的節目；但是到了一九七〇年代後期，他們全都轉去投資那種能吸引更多觀眾的節目，歌劇和古典音樂就這樣銷聲匿跡了。」

今天，歌劇迷們重新聚集，並且找到了他們的新「巢穴」——也就是數位電影院、有線頻道和網路。打從二〇〇六年以來，紐約大都會歌劇院在新上任總經理彼德．蓋伯（Peter Gelb）的帶領下，推出多部高畫質的歌劇轉播，光是二〇〇九年到一〇年，全世界就有超過八百六十八間戲院轉播紐約大都會的歌劇，總計四十四個國家、二千二百萬名觀眾欣賞了九齣歌劇，比親自到紐約大都會欣賞歌劇的八十萬名觀眾要多出很多倍。轉播的收入，蓋伯告訴我，大都會可以分到一半，而且這項計畫已經開始為大都會賺錢。英國的情況也類似，根據英國通訊管理局（Ofcom）的資料顯示，當藝術節目被英國電視台排擠——在四大電視台的節目中只占了三%，大戲院和藝廊業者也開始跨足這個市場，推出現場轉播、製作紀錄片，讓世界各地的熱情觀眾有機會欣賞藝術。

這種不甩主流電視台的能力，讓人大大鬆了口氣。不用再投大眾口味所好、不必做任何讓步，也不須為了迎合一般觀眾而刪剪作品，結果，反而吸引來更多熱情粉絲的擁戴。

這種新生態誕生之後，我們所要付出的代價，很可能會和過去很不一樣。為了看那場歌劇轉播，我花了二十五英鎊——夠我看兩場電影，只是話說回來，這齣歌劇的長度也是一般電影的二倍就是了。而既然我們已經成了「文化雜食者」，當然沒道理只獨鍾一味，一個愛看《美國偶像》或《英國星光大道》的人，也可以是愛狗人士、電影發燒友和戲劇迷。但要他們掏錢，你就得提供他們真正想要、卻在別的地方無法免費取得的東西。

你的公司裡，有沒有「利基贏家」？

這個新生態，還有一點非常值得討論：現場轉播歌劇也好，像古典小說一樣有深度的影集也好，專注的都是它們的內容，而不是老想著如何討好觀眾。

這聽起來很理所當然，但主流媒體過去並不是這樣的。而現在面臨觀眾流失，主流媒體更是百般討好大眾，都想一網打盡更多人。他們希望找到我們的新「巢穴」，結果往往無功而返。

因為，新「巢穴」所採取的策略，是與主流媒體完全相反的。他們不會硬要把我們歸類，而是重視自己的產品有什麼特色。在製藥界，業者為這種策略取了個名字，叫做「利基贏家」（niche-buster）。

最早採用這個名詞的人之一，是年輕的印度分析師夏比爾．胡笙（Shabeer Hussain）。有天下午，我到他位於倫敦的辦公室，向他請教利基贏家是什麼意思。他向我簡介製藥業的發展史，從亞歷山大．弗萊明（Alexander Fleming）於一九二八年在細菌培養皿偶然發現盤尼西林講起，一直講到製藥界的最新概況。

胡笙說，一九八〇年代以來，製藥大廠以驚人的速度擴張版圖，不斷併吞小藥廠，也更加仰賴少數暢銷藥品帶來大部分營收。在製藥業，暢銷藥品通常是指那種每年能賺進十億美元的藥物。而要賺到那麼多，業者就得鎖定有最多人罹患的疾病，例如心血管疾病——全球有近半數人口，一生中很可能都會有某段時間受這種疾病影響。輝瑞（Pfizer）藥廠生產的立普妥（Lipitor，一種降血脂藥），就堪稱暢銷藥品的代表，光是二〇〇八年，就締造一百二十億英鎊的營業額。

然而，暢銷藥品其實風險很高。雖然，新發明的藥物會受到專利法保護，期間長達十八年到二十年，但藥廠得花很長時間在實驗室研發，得砸大錢進行大規模臨床實驗，最後卻只有極少數的藥品能成為暢銷藥品。而一旦成為暢銷藥品後，藥廠就得設法在專利到期（例如立普妥在二〇一一年失去專利保護），或其他藥廠製造出藥效相同卻更便宜的藥品前，趕緊大撈一筆。

胡笙當時告訴我，通常業者會在暢銷藥品即將失去專利保護前，設法變相展延專利保護，或是擴大市場。

最常見的手法，就是讓藥品「小改款」，或是適用於其他疾病。例如輝瑞在旗下暢銷藥品威而鋼專利即將到期時，就用同樣的化學成分但降低劑量，再將藥品改名為「瑞肺得」（Revatio），用來治療罕見的肺動脈高血壓。其他藥廠推出的「新藥」也不太新，其實都是用類似方法來治療同樣疾病的「同質藥」（'me too' drug）而已。

而為了推銷這些同質藥，藥廠通常會砸重金做行銷。例如阿斯利康藥廠（Astra-Zeneca），就在二〇〇四年耗資二億一千六百萬美元宣傳旗下的降血脂藥冠脂妥（Crestor），這個金額，比百事可樂公司當年的行銷費用還多出四百萬美元。

然而，不是每家製藥公司都這麼做。相反的，有些藥廠會選擇專攻所謂的「孤兒症」

（orphan diseases）——由基因遺傳的罕見疾病，只影響全球數千人。例如高雪氏症（Gaucher's disease，一種罕見的遺傳酵素缺乏症），胡笙說，全球大約有一萬名患者，大都是中歐猶太人。一九九〇年代初期，位於麻州的一家小型生技公司健贊（Genzyme）就從這塊市場著手，研發出一種新的酵素替代療法，來治療高雪氏症。到了二〇〇八年，健贊公司每年因為生產這種酵素替代物，賺進十二億四千萬美元，對於只有五千名患者使用的藥物來說，這可是相當賺錢的金雞母。現在，那些大藥廠也發現了這塊市場，要來分一杯羹。

大藥廠會想分一杯羹，原因不難理解：「利基贏家」的生產過程通常比其他藥更複雜，而且還要跟世界各國申請專利，再加上這類藥物通常是注射用藥，不是口服藥（一般藥廠很難仿製），又是用來治療罕見疾病，根本沒有必要透過主流管道打廣告。

這種「利基贏家」型的藥，是精準挑選想要對付的病症、靠藥品的特殊性獲利，而不是討好藥品消費者。這麼做是值得的——由於這種藥物沒有必要花錢打廣告，因此藥廠可以花更多錢確保藥品真正有效。通常，生產利基贏家型藥品的藥廠，可以將六到七成的營收用來投資研發，相較之下，一般暢銷藥品廠商只拿二成或二成五的營收投資研發。二〇一〇年利基贏家型藥品的營收達六百六十億美元，占製藥業總營收的七到八％，胡笙相信，這個數字日後還會攀升。

花兩千萬美元請湯姆．克魯斯，值得嗎？

在電影界，所謂的「超級大片」（blockbuster），指的是砸大錢、為了吸引所有觀眾而製作的影片，希望透過締造高票房來賺錢。但近年來，很多大片都淪為無趣的系列電影。就像前面談到的大藥廠，好萊塢的大片廠也在把賣座的影片拍成系列電影，造成的結果是：許多續集又沉悶又老套。

尤其過去這幾年，電影業處在一個競爭越來越激烈的新環境裡——電玩遊戲、盜版影音光碟和網路，全都在拉攏電影觀眾；再加上製片成本越來越高，更讓業者備感壓力。安德森在《長尾理論》中說，大片的必要元素之一，就是請來大明星當主角，例如找湯姆．克魯斯（Tom Cruise）來演《雞尾酒》、《不可能的任務》或《香草天空》，都能帶來高票房。問題是，這種大卡司當然要求高片酬，像克魯斯這種超級巨星，片酬動輒高達二千萬美元。

十幾年來，學者拉維德（S. Abraham Ravid）就一直抨擊這種花大錢請巨星拍片的做法。拉維德不是一般電影專家，而是紐澤西州羅格斯大學（Rutgers University）的財經教授，他從一九九〇年代以來，就對研究複雜的電影籌資過程很有興趣。

調查了好萊塢的數據後，他發現，找大卡司拍片其實根本不划算。他隨機抽樣一九九〇年代拍攝的一百七十五部片，並依據演出的明星和片酬加以排名，結果發現：大片通常有高票房沒錯，但卻得花大錢請大明星演出，算到最後，獲利其實跟小成本影片差不多。

既然如此，為什麼這些大片商還是要花大錢請大明星？拉維德認為，這是片商們想要向觀眾傳達的一種訊號。「要是我把房子賣了，拿錢投資一家披薩店，這意味著我對自己有信心，能做出美味可口的披薩。」他說：「同樣的道理，當我花大錢請一位明星，就是要告訴大家：放心，這部片一定有看頭。」

今天，有些電影明星已經成為可信任的品牌，也是影片品質的保證。「如果我們兩人拍一部片，結果一定賠到死，但如果我請到的是湯姆．克魯斯或茱莉亞．羅勃茲這種大咖，至少會有人願意寫影評，而且不至於賠錢。就算後來真的砸鍋，我也可以兩手一攤說：『誰知道會這樣？』」拉維德認為，好萊塢片廠的主管們為了保住自己的飯碗，爭相邀請天價巨星的做法，助長了好萊塢的從眾心態。拉維德盡力將自己的研究和結論散播出去，甚至投書

《紐約時報》，義正辭嚴地告知好萊塢片商們，這種做法等於浪費大筆鈔票。

有很長一段時間，沒人正視拉維德的建議。直到二〇〇九年夏天，突然有越來越多人打電話找拉維德——《紐約時報》想訪問他談談對電影界的看法，好萊塢一些資深主管也邀請他談他的研究。

原因其實也很明顯：請大明星拍戲這一招，失靈了。對好萊塢影星和傳統大片來說，二〇〇九年夏天簡直就是場災難。當時最賣座的電影是《變形金剛：復仇之戰》（*Transformer? Revenge of the Fallen*）、皮克斯（Pixar）的電腦動畫喜劇《天外奇蹟》（*Up*）、《哈利波特6：混血王子的背叛》（*Harry Potter and the Half-Blood Prince*），以及描寫吸血鬼故事的《暮光之城2：新月》（*New Moon*）。這些影片的主角，都不是好萊塢大咖。

相反的，由大咖主演的幾部大片，票房都不理想——強尼．戴普（Johnny Depp）主演的《頭號公敵》（*Public Enemies*）就是一例。「大明星主演的電影，成了賠錢貨，」索尼（Sony）影業公司前董事長彼德．古柏（Peter Guber）告訴《紐約時報》：「大家都想知道原因。」

當片酬兩千萬美元的大咖光環褪色，好萊塢業者的算盤也有了新的打法。沒錯，大片今天還是能賺大錢，但通常得砸大錢，而且風險很高，大部分無法達成預定票房。拉維德發現，現在有越來越多片商拍大片時開始找合夥人，分攤費用並降低風險。例如《鐵達尼號》，二十世紀福斯公司眼見成本如此之高，最後決定找派拉蒙公司投資。後來拍《阿凡達》時，福斯乾脆跨界去找金融業者來投資。

然而，大約花了五億美元拍攝的《阿凡達》，片中並沒有哪一位明星是好萊塢大咖。為了讓投資能回收，這種片子必須吸引全世界的觀眾才行。而要達成這個目標，方法之一就是設法讓內容老少咸宜。拿《阿凡達》來說，片中的角色和劇情都是精心設計下的結果。另一種方法，則是以「超級英雄」來取代超級巨星。《經濟學人》指出，像蜘蛛人這類漫畫人物，在電影銀幕上的影響力與史蒂芬·史匹柏在一九八〇年代拍的大片，或一九九〇年代由大明星主演的電影不相上下。看在片商眼中，超級英雄最大的好處，就是這些英雄已經有熟悉他們的觀眾群，所以只需要花小錢找小咖演員來演就行了——畢竟，觀眾真正要看的不是演員。

為什麼《大白鯊》一直重播，《驚聲尖叫》一直有續集？

除了繼續推出大片，電影業者現在也積極經營小眾市場。例如驚悚片，就越來越受重視。回到當年，像《大白鯊》這樣的大片，都會設法拍得老少咸宜，盡可能吸引越多觀眾。然而，這些年來讓電影學者不解的是，為什麼業者這麼愛拍驚悚片——而且大都是限制級的電影？有學者稱這種現象為「限制級迷思」——既然要拍驚悚片，又為什麼要讓片中的性和暴力內容把未成年觀眾擋在門外呢？

根據拉維達的另一項研究，答案是：拍這種片，風險很低。沒錯，這些低預算的片子不見得能讓片廠賺大錢，但也很難讓片廠虧大錢。拉維德指出，像《驚聲尖叫》（*Scream*）系列，沒有大明星陣容，照樣成功。「誰會記得《半夜鬼上床》的主角是誰？」而且別忘了，性與暴力是最容易跨越文化障礙的主題——一個揮舞斧頭的男人，瘋狂追著穿短褲的辣妹到處跑，任誰都能看明白。

好萊塢在二〇〇四年到二〇一〇年之間，陸續拍了《奪魂鋸》（*Saw*）系列電影，影片中發狂的精神病患鬼臉先生（Jigsaw），設計了一連串的謀殺遊戲，測試迷路年輕男女的勇氣，最後還以意想不到的方式把他們殺死。《奪魂鋸》才懶得理什麼大明星，此一系列電影預算很低（第一部的製作成本是一百萬美元，還在日舞影展中大獲好評），卻成為史上最賺錢的驚悚片系列：光是前五集，就賺進六億六千八百萬美元。

《奪魂鋸》當然不是老少咸宜，而且負評不少。但就像HBO的許多影集一樣，《奪魂鋸》並不想討好主流觀眾，相反的，它只想瞄準全世界愛看驚悚片的粉絲。因此，這些電影的行銷手法刻意隱晦，根本沒打算吸引一般觀眾。例如，一張《奪魂鋸》的電影海報上，就很簡潔地寫著：「萬聖節到了，當然非得《奪魂鋸》」（If its Halloween, it must be *Saw*）。

而且，不同於一般好萊塢大片的續集，這類電影的梗永遠可一用再用，更像是電視連續劇，而不太像電影。因此，就像HBO的熱門影集《火線重案組》一樣，漸漸成了有威力的「利基贏家」。

*Politico*的成功啟示：專攻一種新聞，是門好生意

二〇〇九年七月二日，《華盛頓郵報》（*Washington Post*）遭人踢爆：該報打算在發行

人凱瑟琳．韋摩斯（Katharine Weymouth）家裡，舉辦一系列豪華政商晚宴。據說，只要付二十五萬美元給華郵，企業老闆、遊說團體就能來這裡，親自結識高官與華郵記者。消息傳出，一片譁然。三天後，韋摩斯發表一份親筆信，為這起事件道歉，但為時已晚。諷刺的是，華郵當初因揭發「水門案」而聲名大噪，現在卻反而身陷「晚宴門」風暴之中。

但諷刺的還不只如此。揭發「晚宴門」事件的，是一個叫做《政事》（*Politico*）的新網站——由兩位《華郵》前員工在兩年前所創辦。該網站的總編輯是約翰．哈瑞斯（John Harris），四十多歲但看起來很孩子氣，他在《華郵》多年，一直做到國內政治版主編。這些年來，哈瑞斯目睹了主流報紙與雜誌因縮編等原因，對白宮與國會的報導越來越少。「大約在二〇〇五年，」哈瑞斯對我說：「我開始注意到一些大趨勢，我想得越多，就越覺得主流大報不再有優勢了。過去的新聞工作者，都以能身為《華盛頓郵報》等知名媒體的一分子為榮，但現在不一樣了。」哈瑞斯認為，在網路時代，「只」報導政治新聞的小型報社或新聞網站，是有發揮空間的。於是，在一家小媒體公司的金援下，哈瑞斯跟同事吉姆．范德希（Jim VandeHei）決定一起創業。

《政事》在二〇〇七年一月，於維吉尼亞州阿靈頓市成立總部，跟華盛頓首府只有一河之隔——而且地點就在報業集團甘尼特（Gannett）旗下《今日美國》（*USA Today*）昔日的辦公室。一開始，哈瑞斯只找了十二位記者，但幾個月內就增加到二十位。創辦初期，小布希總統所召開的一場記者會上，就曾點名《政事》記者提問，後來小布希總統還當場笑說，他從來沒聽過《政事》這家報社。

不久後，越來越多的知名媒體菁英紛紛加入，例如《時代雜誌》的麥克・亞倫（Mike Allen），成為《政事》的首席政治通訊員，深入採訪並揭發《華盛頓郵報》晚宴門事件的，就是他。二〇〇九年底，該網站已經有七十五位全職記者，年營收達二千萬美元。短短二年內，《政事》在華盛頓聲名大噪，成了最重量級的媒體。

《政事》的成功，來自於每天勤奮不懈的報導與解讀白宮和國會的最新動態。每週一到週五的國會開議期間，《政事》也在華盛頓發送免費報紙，發行量約三萬二千份。當然，並不是人人為它叫好，有人批評它充滿著未經查證的膚淺八卦，有人則認為它報導太多政府裡的瑣碎小事，忽略了真正的大新聞。比方說，就算有外星人在華府降落，恐怕也上不了《政事》的版面——除非外星人要求與總統會談；反之，總統府顧問大衛・艾克塞羅德（David M. Axelrod）要怎樣慶祝結婚四十週年，《政事》卻會大幅報導。

對於這樣的批評，哈瑞斯說：這正是《政事》要追求的目標——越內幕越好。「我們不會刻意與政治人物保持距離，」他說：「相反的，我們深入他們的圈子。我們的報導不是給一般讀者看的，會來看《政事》的讀者，不是因為他們偶爾關心一下政治，而是因為他們真正熱中於政治。對這種讀者來說，我們就是他們必看的網站。」

正因為《政事》只報導政治，所以可以深入。甚至為了花時間深入調查，《政事》會放棄報導平常流水帳式的新聞。也因為要寫給政治熱中分子看，《政事》的報導非常重視細節；關於法律和預算議題的報導，也遠超過一般讀者所能消化的程度。《政事》偶爾也會揭發政治八卦，當初就是《政事》率先發現歐巴馬與前恐怖分子比爾・艾耶斯（Bill Ayers）交好，也爆料共和黨竟然花十五萬美元給副總統候選人莎拉・裴林（Sarah Palin）和家人當治裝費。

麥克・傑克森去世，猜猜看是誰的大獨家？

看著《政事》的成功，主流媒體記者心裡一定很挫折。一九九〇年代以來，許多媒體老闆一面忙著砍預算、裁記者，一面卻想要包山包海地報導所有類型的新聞，結果反而稀釋了自己的權威。美國最著名的新聞雜誌《時代》和《新聞週刊》，現在主跑政治新聞的記者人數，還不到八〇年代的一半。

然而，並不是所有主流媒體都如此。懂得把自己專精領域顧好的媒體，照樣能在市場上獲得回報。例如《經濟學人》，從二〇〇〇年到二〇〇九年底，發行量成長了近一倍，從七十二萬二千九百八十四份，成長到一百四十二萬零七百六十六份。專攻全球優質報導與分析的策略，也讓《經濟學人》培養出一塊名副其實的全球利基市場——目前《經濟學人》的讀者中，有五分之四來自英國以外的國家，其中有超過半數是美國讀者。但是反觀美國自己的雜誌，在同樣這十年內，《時代》與《新聞週刊》的發行量卻持續下滑，《時代》的全球發行量從二〇〇〇年上半年的四百零七萬份，減少到〇九年下半年的三百三十三萬份；《新聞週刊》則從三百一十四萬份，銳減到一百九十七萬份。

其實除了《政事》之外，還有很多成功的「小眾」媒體，只是我們多數聽都沒聽過。例如在二〇〇九年二月，有一家成立才一年、專門報導氣候變遷且名不見經傳的《氣候快線》（*Climate Wire*），卻默默在華盛頓雇用了高達十位記者——比旗下有十六種日報的赫斯特報業集團（Hearst Newspaper Group）還要多。

像《政事》和《氣候快線》這類利基贏家，只是這個新生態中剛冒出的幼苗而已。他們的共同點是：不訴求一般大眾，而是為真正感興趣的人提供深入調查與報導。

藉由這個策略，他們也悄悄改變了我們對新聞的定義。舉例來說，位於洛杉磯專門報導名人八卦的網站TMZ（Thirty-mile zone，意指好萊塢影視娛樂方圓三十英里內的新聞），一登場就成了最夯的明星八卦網站。這類網站沒有傳統媒體的包袱，不必受限於原本的工作方式，可以用更精簡的成本專注在自己最擅長的領域。

這些新誕生的小眾媒體，有些採取訂閱制，有些則將新聞賣給一般性報紙，或是靠賣廣告賺錢（例如《政事》，就向廣告客戶索取高昂的廣告費用）。更重要的是，這些利基媒體甚至可以把規模不大卻非常忠誠的讀者群，轉變成珍貴的消息來源——還記得二〇〇九年六月二十五日嗎？巨星麥可．傑克森（Michael Jackson）去世的新聞，就是靠著忠誠的讀者提供消息，讓TMZ報導了這個全球超級大獨家！

培養粉絲吧，他們的口碑能幫你大忙

二〇〇七年，隨著《黑道家族》影集即將播出完結篇，HBO內部也面臨人事動盪：艾布瑞離開HBO，外界開始擔心HBO是否將因此風光不再。畢竟，今天的HBO不再是看這種小眾電影的唯一管道了，有線頻道AMC正在播出先前被HBO拒於門外、卻備受矚目的影集《廣告狂人》（*Mad Men*），Showtime頻道也正為自製的殺人魔影集《雙面法醫》（*Dexter*）培養了一群死忠粉絲。

這些都要歸功於HBO的努力，帶動了頻道業者的仿效，讓整體節目水準也跟著提高了。「我們讓大家看見了電視節目的潛力，」艾布瑞在卸任前對記者這麼說：「這讓更多人願意投入，花更多錢製作有原創性的節目。當節目品質提高，對大家都有好處。」

的確，到頭來HBO自己也是受惠者。HBO在二〇〇八年秋天推出吸血鬼影集《噬血真愛》（*True Blood*），原本以為應該是冷門影集，沒想到卻大受歡迎。不到一年，這部影集成為繼《黑道家族》之後，收視率最高的影集。

HBO的故事告訴我們，當一個新生態正在萌芽，我們得先花一段時間栽培，才會開花結果。通常，成功的公司會在一個很特殊的領域——也就是「巢穴」——裡冒出。這種公司不會敲鑼打鼓的企圖吸引所有消費者，反而會縮小焦點，努力製作更獨特的產品，用心滿足為數極少卻熱情的死忠顧客。

不過，要在無情的市場中生存，業者不只要培養顧客，也要強化自己的產品才行。畢竟，我們常會對自己喜歡的東西和所用的品牌產生認同感，因此大多數成功的利基贏家，都懂得營造一種歸屬感——顯示自己與主流不一樣。想要讓顧客幫你傳遞好口碑，這一點是非常重要的。

6

豬農、Moleskine 筆記本與歐巴馬

為什麼小眾是門好生意

筆記本、手機、臉書和推特——

這些東西，成了人們彰顯自己特色的工具。

美國俄亥俄州的年輕養豬農葛蘭特・艾德華（Grant Edwards），對一個叫做「非農勿擾」（FarmersOnly.com）的相親網站，有著無限感激。

艾德華的條件不差，只是他交往過的對象都嫌他花在農場上的時間太長，尤其是忙碌的收成季節。幸運的是，莎拉・史塔琪（Sarah Starkey）就是想過這樣的生活。

史塔琪嚴格說來不算務農，但她養馬，也是馬術競賽中知名的繞桶賽馬騎士。她就住在艾德華附近的小鎮，也跟艾德華一樣，念過俄亥俄州立大學，只是彼此並不認識。「我們過去談的戀愛沒結果，」艾德華告訴《哥倫比亞快報》（*Columbus Dispatch*）的記者：「是因為對方的背景跟我們不一樣。畢竟，務農不只是一份工作，也是一種生活方式。」經由「非農勿擾」網站的牽線，艾德華跟史塔琪透過網路聊天，十八個月後，兩人步入結婚禮堂，不久後搬到特布爾郡（Turnbull County）附近占地十英畝的農場。沒多久，生下第一個孩子。

瞄準小眾，卻走出一條康莊大道

能促成一段良緣，傑瑞・梅瑞爾（Jerry Merrill）很滿意。「類似例子真的很多，」他說：「目前為止我所知道的，就超過一百五十對，但我不知道的恐怕十倍於此。」

五十歲出頭的梅瑞爾是克里夫蘭人，原本在廣告業工作。有一次，他跟一位女客戶聊天，這位離了婚的女客戶說自己因為忙著經營農場，沒時間找對象。於是梅瑞爾自告奮勇說要替她上網物色，結果卻無功而返。「我找到好幾百個約會網站，都聲稱能幫農民找對象，但是這些網站全都把我連結到規模較大的全國性約會網站。而且，不管用什麼方式，你都必須花很多時間，才能找到跟你背景相似的人。」

梅瑞爾心想，何不乾脆自己來架一個網站？於是，他花了六個月時間與全美各地的農民訪談，詢問他們是否結婚了，以及想如何認識伴侶。「單身又寂寞的農民真的很多。」梅瑞爾說，怎麼沒人想到架設這樣的網站呢？「非農勿擾」在二〇〇五年五月開張——打著「城市佬，你們不懂我們的心！」的宣傳口號，同年十月，就已經招募到兩千位會員。梅瑞爾還在當地電視台打廣告，以會講話的動物為主角，強調「非農勿擾，讓你不寂寞」（You don't have to be lonely, at FarmersOnly），後來這支廣告成為YouTube網站的暴紅影片。

今天，非農勿擾網站在美加兩地有七十萬名會員，在網站討論區「穀倉旁的私語」（barnyard buzz）裡，可以看到很多會員很開心地推薦這個網站。新會員有三十天免費試用期，之後則是每月支付十美元或一次繳交六十美元的年費。梅瑞爾跟兒子會仔細調查每位申請入會者，確保符合網站的資格要求。「我們花很多時間仔細查看會員資料和照片，也不希望會員在網站裡講粗話或鬧事。」

其實早在評估階段，梅瑞爾就已經發現，農民們通常傾向跟住在自己附近的人結婚，但對象不必非務農不可。這一點，讓梅瑞爾一度感到為難。「除了農民，我也想幫那些『想過農村生活的人』找對象。」最後，他仍然決定將網站鎖定小眾——只為「農民以及想過農村生活」的人服務。顯然，這個決定是正確的。

換言之，一般人是不能加入「非農勿擾」的——這正是成功的重點所在。網路，讓我們知道如何找到真正想找的人、真正想買想聽或想看的東西。不過，這種搜尋的過程通常挺累人的，畢竟約會網站多到不勝枚舉，像美國的Match.com、印度的Shaadicom，各自都有數千萬名會員。這些無所不包的約會網站，雖然都會讓會員勾選許多問題，並設定交友條件，但是大多數所謂的「交友條件」，只是些基本資料罷了——例如年齡、性別、性傾向和居住地。這些基本資料篩選出的對象，往往數量驚人。

或許，這就是大型約會網站開始失勢、小眾型約會網站異軍突起的原因。根據網路流量監測機構Hitwise的統計，從二〇〇五年到〇九年間，約會網站的家數從九百一十六家增加到一千四百三十家。其中，又以鎖定小眾的約會網站成長最快。根據線上個人觀察網站（Online Personals Watch）的產業觀察家表示，小眾型約會網站占所有約會網站的比例，從二〇〇六年的三五％，增加到四四％。

今天，女性受刑人可以到女性受刑人專屬網站（Womenbehindbars.com），愛護動物人士可以到愛鳥及鳥網站（Lovemelovemypets.com），音樂迷可以到Asoundmatch.com，愛馬人士可以到Equestriansingles.com，有錢人或想嫁有錢人的則可以上百萬富翁配對網站（MillionaireMatch.com）。就像非農勿擾，這些網站定位明確，並跟主流劃清界限。

這些約會網站都很用心地監控品質。拿「型男正妹交友網」（BeautifulPeople.com）來說，這個號稱擁有全球最多型男正妹的第一大網站，在二〇一〇年一月因為有會員在新年假期間變胖了，而一口氣開除了五千名會員。網站創辦人羅伯特・辛茲（Robert Hintze）被記者問到開除會員的原因時表示：「如果我們讓身材走樣的會員繼續留下來，會威脅到我們的經營模式。」

Moleskine傳奇——從停產到全球熱賣！

一九九五年某天晚上，一位名叫瑪莉亞．賽布雷岡迪（Maria Sebregondi）的老師正在家裡看書，她發現自己老是停在同一頁上。

賽布雷岡迪是羅馬人，教授文學與詩詞，平常還要照顧孩子。從一年前開始，她替米蘭一家小出版社——Modo & Modo——工作。雖然自稱是出版社，其實Modo & Modo沒出書，而是製作一些小商品，例如造型可愛的透明小玩意、讓文具迷愛不釋手且五彩繽紛的鋼筆、印有哲學家名言的運動衫等等，大都賣給學生和設計迷。為了推出自有品牌的商品，Modo & Modo的老闆法蘭西斯科．法蘭契斯基（Francesco Franceschi）請來賽布雷岡迪幫忙。

賽布雷岡迪外型不錯，雅致的衣著加無框眼鏡，搭配得很完美。我到她辦公室拜訪時，她的桌上只擺了一本《藝術論壇》（*Artforum*）雜誌。一九九五年那個晚上她正在看的那本書，是英國旅遊作家布魯斯．查德溫（Bruce Chatwin）寫的《歌之版圖》（*The Songlines*）。

查德溫在書中感嘆，現在越來越難買到精緻的筆記本了。查德溫說，他以前用來寫作的，是一種在巴黎買到的防水封面筆記本，叫做Moleskine，他每次去巴黎，都會到常去的文具店補貨。「手工精細，還有條伸縮帶套住本子，」查德溫在《歌之版圖》中這樣寫道。「我會為每一本筆記編上序號，然後在封面寫上我的姓名和地址，還註明『拾獲送還，必有重賞』的字眼。護照丟了我無所謂，但弄丟筆記本可是場大災難。」可是，後來文具店老闆娘告訴查德溫，這種筆記本可能快要停產了。「那我要買一百本，」查德溫告訴老闆娘：「這樣應該夠我用一輩子了！」

「老闆娘馬上打電話向廠商訂貨，但是當天下午五點我再去找老闆娘時，她卻告訴我，製作筆記本的老闆過世了，繼承人要把生意賣掉。老闆娘輕推了一下眼鏡，嘆息道：『Moleskine停產了。』」他寫道。

讀到Moleskine筆記本停產的故事，讓賽布雷岡迪眼睛一亮。「我在巴黎念過書，」她告訴我：「我還記得用過那種筆記本寫東西，現在家裡還有好幾本。」於是她打了幾通電話詢問，結果發現位於圖爾（Tours）的那家公司，的確是生產Moleskine筆記本的最後一家業者，而且在一九八六年業主過世後就已經停產了。《歌之版圖》這本書在一九八七年出版，查德溫本人也在兩年後過世。

不過，對Moleskine鍾愛不已的名人不只有查德溫。賽布雷岡迪調查後發現，二十世紀有許多知名的前衛藝術家和作家，都用同樣的筆記本畫圖或寫草稿。她去羅馬看馬諦斯畫展時，就特別注意到馬諦斯使用的素描簿，發現跟她自己用的筆記本長得很像；去巴黎畢卡索美術館時，也看到畢卡索用來畫素描的許多黑色小本子，無論大小、包裝方式和獨特的橡皮帶，看起來都跟Moleskine筆記本相似。經過更進一步調查後，她發現原來連大文豪海明威和詩人安德烈·布賀東（André Breton）也都是愛用者。彷彿，二十世紀的前衛人士全都鍾愛這種筆記本。

「這種筆記本，深藏在我們的文化中，」賽布雷岡迪說：「能帶來無限遐想，也是歷史的一部分。於是我心想，何不讓它再度問世呢？」她向法蘭契斯基提出這個構想，並把自己以前用過的一本Moleskine筆記本拿給他看。法蘭契斯基覺得這個點子太棒了，於是兩人一起展開了這個計畫。

為了推動這個計畫，賽布雷岡迪搬到米蘭，Modo & Modo公司也將Moleskine註冊為自家品牌，並在中國找到一家製造商，依規格製作Moleskine筆記本。從中國運來的半成品，接著在米蘭以手工完成。就這樣，第一本Moleskine筆記本於一九九七年問世。光是那一年就賣出五千本，隔年銷量增加為三萬本。一九九九年，Modo & Modo將據點擴大到歐洲鄰近國家，銷量也跟著激增，二〇〇三年的銷量已經達到三百萬本，兩年後更突破了四百五十萬本。

二〇〇六年八月，Modo & Modo公司被法國一家投資公司以六千萬歐元收購。此後，Moleskine的銷售量持續成長，每年大約銷售一千萬本，其中以美國為最大市場。今天，Moleskine產品種類越來越多，從日誌、城市筆記本和限量筆記本，其中許多產品都有獨特的歷史意涵。

Moleskine的熱賣，賽布雷岡迪認為有部分要歸功於低價航空的出現，以及越來越多崇尚文化旅遊的人喜歡在旅遊時，隨身攜帶著心愛的筆記本。不僅如此，「過去，當一個人要彰顯自己的身分時，通常會強調自己來自什麼家庭或是在哪工作；但是現在，人們有更多選擇，其中不少還可隨身攜帶——比如筆記本、手機、臉書和推特。這些東西，成了人們彰顯自己特色的工具。」

手上拿著一本筆記本，一切盡在不言中

至於在美國，Moleskine之所以會掀起熱潮，要從麻省理工學院一位講師說起。

這位講師在自己的課堂上和部落格上，提到他發現Moleskine筆記本有多好用。不久後，在資訊業相當受歡迎的時間管理網站GTD（Getting Things Done），也開始介紹Moleskine筆記本。其他網站很快跟進，介紹Moleskine筆記本的各種用法。其中一個最受歡迎的網站，叫做Moleskinerie.com，最早是由芝加哥攝影師阿曼德・法蘭斯科（Armand Frasco）所架設。法蘭斯科查了Google後發現，許多人跟他一樣愛用Moleskine，於是在二〇〇四年一月註冊了這個網站名稱。有一天下午，法蘭斯科在網路上看到關於Moleskine的討論，就邀請網友們造訪他的新網站，結果短短幾週內，該網站一天可吸引到五千人造訪。

法蘭斯科每天花很多時間維護這個網站。一年後，法蘭契斯基打電話給他，此後兩人開始合作。「有兩種人會造訪這個網站，」法蘭斯科跟我說：「一種是一時衝動買了Moleskine的新手，想對這種筆記本有更多了解；另一種則是本來就是Moleskine迷，想知道更多關於這種筆記本的一切，例如哪款最耐用，哪款適合素描，紙質由哪些材質製成，哪款最適合鋼筆書寫等等。」

對Moleskine公司來說，這提供了一個寶貴的機會，讓它能聽見死忠粉絲的心聲。「我們就像一個非正式的焦點小組座談會，對Moleskine來說，能從這邊聽到顧客心聲，當然再好不過了。」法蘭斯科說：「Moleskine公司可以造訪這個網站，看見每個使用者的想法，從中蒐集知識與建議。」

對Moleskine迷來說，Moleskinerie不再是唯一交換心得的網站。在中國，Moleskine迷自行架設了Moleskiner.cn，蘇俄的粉絲也有Moleskinerie.ru，從巴西到菲律賓，只要有賣Moleskine筆記本的國家，幾乎都有粉絲網站。後來，還有幾十個部落格和超過五十個臉書粉絲團都在討論Moleskine筆記本。短短不到十年，Moleskine筆記本不但重新問世，還成為全球活躍次文化的圖騰。

就像前面提到的「非農勿擾」，Moleskinerie.com也把各地有相同喜好的一小群人撮合在一起了。在這裡，人們不需要奇裝異服來凸顯自己，因為他們已經找到與自己興趣相同的人。而且，他們現在只需要開心地留在這個網路社群裡，不必向主流文化挑釁，或是嚷嚷著要推翻主流文化。

當然，不是每個人都這麼喜歡Moleskine。比方說，美國有個專門吐槽白人的網站，叫做Stuff White People Like——這個網站嘲諷白人最經典的一句話是：「他們假裝自己很獨特，其實全都一個樣。」「當你看到一個白人拿著那種筆記本，」該網站諷刺道：「你可以跟他聊一聊，問問對方到底在忙著寫些什麼？但是，你千萬別當真去看筆記本裡寫的東西，否則你一定會問：你要怎樣用上面寫的一堆電話號碼和購物清單，寫成一本小說？」

然而，「聊一聊」也許正是重點所在。就像以前，我們會因為與另一個人同樣喜歡一本書，而聊上一整天——即便對方是陌生人。今天在網路上，我們都在這麼做。而當我們在網路上找到同好，會讓我們有種歸屬感；而這種歸屬感，也為我們帶來一個讓我們更願意分享與交流的環境——也就是我前面所提到的「巢穴」。

與陌生人搭訕，是一種學習的過程

要怎樣把一個外行人，變成死忠粉絲？阿根廷社會學家克勞迪歐．班澤克萊（Claudio Benzecry）花了十八個月，試圖找出答案。

他在老家布宜諾斯艾利斯的科隆歌劇院（Teatro Colón），看了七十場表演，有時會同一齣歌劇連看六遍，有時會搭巴士去到幾百英里外的歌劇院。他還會跟鄰座的觀眾聊天。在二〇〇九年發表的論文〈如何成為歌劇迷：論歌劇的誘惑〉（Becoming a Fan: On the Seductions of Opera）中，他寫道：

節目單，可以立刻讓兩個陌生人打開話匣子。

我站在一位六十幾歲的女士身邊，她看完節目單後說：「我聽說首演當晚的演出糟透了。」用手扶了扶眼鏡，她繼續說：「我沒去看首演，但我朋友說真是一團糟。我打算週日去看，你呢？」

我還來不及回答，她就激動地說起第一次在科隆歌劇院看同一齣歌劇時有多棒。不久後，站在這位女士前面的一位年長紳士，以及站我後面的年輕男子加入我們的交談，好像大家都認識這位女士，只有我是局外人似的。

「可是，皮絲奇特莉（Maria Pia Piscitelli）演得相當出色，要是你想想她以前有多棒，你就知道這一點也不意外。」那名紳士說。我本來想接話，但其他三人比我更快開口。「我認為她在《父女情深》（*Simon Boccanegra*）的演出最精湛。」年輕人說，年長紳士接著說：「是啊，但我認為她跟女高音瓊．安德森（June Anderson）一起演出《諾瑪》（*Norma*）時最棒了！」

即使我們從未看過歌劇，也大都聽過類似的對話。接受班澤克萊訪問的許多人，就有過這樣的經驗。很多人之所以會接觸歌劇，都是很偶然的緣分。比方說：在廣播節目上聽到，或是愛上了某位音樂家的作品。很多歌劇粉絲會說，自己與歌劇有點像一見鍾情——第一次欣賞，就被那種既「深刻」又「強烈」的力量所吸引。一位受訪者表示，音樂與她的身體產生「共鳴」；另一位受訪者則說她的「心跟著旋律跳動」。

不過，光是這樣還不足以讓一個人變成歌劇迷。班澤克萊訪問過的歌劇迷都表示，想欣賞歌劇之美，就要先做功課才行。除了盡量多聽歌劇，他們也會參加研討會和座談會、購買唱片和書籍——總之就是要對歌劇有更多的認識。他們也會向經驗老到的粉絲請教，班澤克萊發現這其中有種「非正式的學徒關係」——資深粉絲會教導資淺的，資淺的則相當敬重資深的粉絲」。

換言之，一個新手會漸漸愛上歌劇，不只是因為他們常看歌劇，也因為他們會向其他愛好歌劇的人學習。這種非正式學習，不只發生在遊覽車上、在歌劇中場休息時間，也發生在歌劇院門口排隊等候入場處，甚至包括欣賞歌劇時——新手總是挑錯時間鼓掌或太頻繁鼓掌。「亂鼓掌通常會被噓！」班澤克萊這樣寫著：「而且噓聲比掌聲還要大，簡直讓新手羞愧死了。」

把社群貨幣，變成實際貨幣

當然，歌劇是一種比較曲高和寡的文化，但類似的現象卻一點也不寡。豆豆娃（Beanie Baby），就是另一個例子。

豆豆娃是一種手掌大小的絨毛玩具，一度限量發行。eBay網站在一九九五年開張不久後，就開始賣全系列的豆豆娃。光是一九九七年五月，eBay賣出的豆豆娃總額就高達五十萬美元，而且很搶手——一個原本賣五美元的豆豆娃，現在平均能賣到三十三美元。

最容易想到的理由是：豆豆娃限量發行，所以物以稀為貴。不過，那也不是價格快速被拉高的唯一原因。透過eBay網站，全美各地的豆豆娃收藏家可以聚在一起，收藏他們喜愛的玩具，找到同好，也找到自己想要的豆豆娃。「會收藏，當然都是真的很愛豆豆娃的人，」亞當．柯恩（Adam Cohen）在為eBay寫的《發現eBay》（*The Perfect Store*）一書中指出：「在網路出現前，收藏家要找到同好並不容易。假如你住在某個小鎮，喜歡收集大蕭條時代的玻璃製品，或是美國南方藝術，恐怕很難在身邊找到同好。但有了網路，只要按按滑鼠，就能找到數以千計的志同道合者。」eBay將這些人聚集到同一個虛擬市集，強化了他們對這種玩具的喜愛，也讓豆豆娃身價更高。

麻省理工學院行為經濟學教授丹・艾瑞利（Dan Ariely）認為，這種現象其實很常見，賞鳥就是一例。「你越深入賞鳥團體，與更多人聊聊不同的鳥類，你會對賞鳥更有興趣。」不過，艾瑞利認為重點還不在這裡。

當我們加入某個團體，我們常會展現出很像原始部落的行為。「在以前的狩獵社會，當一個人獵殺了一頭動物後，通常會把動物毛皮穿在身上，好讓大家知道自己的戰績。而現在，人們除了改用名車、奢華精品來彰顯自己之外，臉書和推特等社群網站，也提供我們一套展現自己的新工具。漸漸的，什麼事情重要、什麼事情不重要，社群上也會發展出一種共通的語言。」

艾瑞利喜歡拿「開心農場」（Farmville）遊戲當例子。這個遊戲讓臉書用戶經營自己的虛擬農場。二〇一〇年，開心農場有近二千二百萬名玩家，但為什麼會有這麼多人費心打造一個明知道是虛擬的農場呢？「那是因為在臉書上，很多人都重視這件事，而且我們可以跟別人交換心得——瞧瞧我的農場有多美，我把動物養得多好。這是人們在團體中提升自己聲望和「社群貨幣」（social currency）的方式之一。」

如果懂得善用，社群貨幣可以轉換成真正的貨幣。例如Google首席經濟學家哈爾·瓦里安，就跟我分享了關於他兒子一位朋友的故事。

這個人在日本公司上班，用一種很特殊的手法賣東西。故事要從幾年前講起：有人發現東京六本木一帶年輕人穿的衣服，跟美國慈善機構二手衣店募到的衣服很像。「這些年輕人很重視身上穿的衣服，而且都很特別。於是，這家日本公司雇用了一批人，到六本木一帶仔細觀察年輕人的穿著並拍下照片，然後把照片透過電子郵件寄到美國。美國這邊，則有好幾百人到舊貨店收集二手衣，或是到各州小鎮的慈善機構挑選符合六本木年輕人時尚的衣服。這些收購來的衣服，立刻被運往東京，經過乾洗後，幾天內就出現在東京服飾店裡。」日本年輕人喜歡的衣服，竟是來自美國慈善機構與二手衣店，這除了是拜網路之賜，也與青少年次文化認同有關。「假如你可以搶在別人之前擁有這些酷玩意，就可以大大提高你在大家心目中的地位。」

讀書會的重點不在於折扣，而是閱讀的熱情

因為加入社群而有所收穫的，不只是前面談到的歌劇迷、美國豆豆娃迷和日本青少年。「還有讀書俱樂部。」瓦里安說。

讀書俱樂部是一個很重要的例子。因為近幾年來，讀書會所處的環境已徹底改變。今天，一般讀書俱樂部——如「每月一書」——的會員不斷流失。就像實體連鎖書店一樣，這類讀書俱樂部想要吸引所有讀者，結果反而讓自己的文學品味盡失。問題就出在今天的消費者早就可以輕易在亞馬遜網站或當地超市，購買約翰．葛里遜（John Grisham）或湯姆．克蘭西（Tom Clancy）最新出版的驚悚小說，甚至能以更低價格買到。二〇〇〇年，「每月一書」俱樂部被一家規模較大的圖書公司Bookspan收購，但仍無法挽回頹勢——二〇〇四年，會員人數剩七十萬人，不到全盛時期之半；到了二〇〇六年再次腰斬，只剩三十四萬五千人。

今天，Bookspan旗下有二十幾個不同的讀書俱樂部，總計有五百萬名會員，但是「每月一書」只占其中極小的部分。後來，每月一書由Bookspan旗下一家叫做Black Expressions的讀書俱樂部接管——這個專攻黑人作品的部門，在短短七年內就吸引了四十六萬名會員。

在這個新的出版業生態裡，現在的讀書俱樂部得鎖定特定主題才能存活下去。原因很簡單，「有了網路，你可以組成任何規模的讀書會，」瓦里安說：「但是假如你的規模太大，可能不易管理；相反的，那些規模較小的同好團體，比較容易成功。」

就像小眾型約會網站，小眾型讀書會可以依據不同主題培養死忠粉絲——例如科幻小說迷、宗教叢書迷、政治前景迷等等。過去，每月一書只是一個讀書俱樂部的名字，會員們通常彼此互不認識，但是新的小眾型讀書會不同，他們會舉辦活動，讓會員見面或在網路上交流。讀書會的價值——就像瓦里安所說——似乎不在買書打幾折，而是會員之間的交流，讓大家更欣賞自己喜愛的書籍和作家，也從意見交流中獲益良多。

你真正的粉絲，就是你有力的樁腳

當你全心全意投入一件事，你通常會想與更多人分享。關於這點，美國總統歐巴馬比任何人都在行。二〇〇八年八月二十八日，他在丹佛足球場接受民主黨提名為總統候選人時，現場有八萬四千名熱情粉絲共襄盛舉。

民主黨挑這個地點是對的，因為政治造勢大會的氛圍，其實跟運動比賽很相似；將這次黨代表大會對外開放給非黨員的群眾參加，也是很聰明的決定。「我們打的是一場草根選戰，」歐巴馬競選總幹事大衛・普樂夫（David Plouffe）在回憶錄《大膽去贏》（*The Audacity to Win*）提到：「那是我們最大規模的造勢晚會，不應該把那些為我們盡心盡力、無私付出的支持者拒於門外。」

其實，這只是邀請群眾參加這場大會的理由之一。因為，當這些粉絲到了現場，民主黨便鼓動他們打電話或發簡訊給親友，邀請大家一起觀賞歐巴馬的演說。現場還設有一百三十支電話供粉絲們使用，請他們向尚未登記投票的選民拉票，並請對方留下手機號碼或email信箱。

對民主黨而言，丹佛造勢大會現場只是暖場而已。就在同一時間，普樂夫發電郵給在選戰網站上登記的數百萬名歐巴馬粉絲，請他們每人捐款至少二十五美元。另外，歐巴馬在全美各地的支持者，當時也各自聚集起來，一邊聽歐巴馬演講，一邊打電話發簡訊給親友推薦歐巴馬。換言之，歐巴馬的團隊需要的，不只是支持者，而是熱情的粉絲，因為他們會負責幫歐巴馬拉票。

丹佛造勢大會當晚，湯瑪斯・傑瑟默（Thomas Gensemer）就在現場，他記得當晚的氣氛有多麼撼動人心。我在三年後跟他碰面時，他還念念不忘那次經驗。傑瑟默的團隊架設了一個「我的歐巴馬網站」（MyBarackObama.com），這個網站的目的，不只是要人們來按讚或聊天，而是要鼓勵大家捐錢、辦家庭聚會和挨家挨戶幫歐巴馬拉票。「目標是讓大家動起來，」他說：「當你上網登記後，我們的目標是要讓你盡快跟其他志工或選戰辦公室聯絡，你要幫忙募款、拉票，至少發簡訊邀請五個人跟你一起努力。當你真的重視一件事，你會想讓更多人一起參與。」

臉書真的很好用，但是……

另外，傑瑟默的公司也動用五百萬美元的選舉經費，在Google上購買關鍵字廣告，並且想出「第一個知道」（be the first to know）這個點子。所謂「第一個知道」，就是要告訴支持者只要登錄手機號碼，就能比別人更早知道歐巴馬的副總統人選是誰——競選團隊會在歐巴馬發表演說的五天前，發送簡訊給所有登錄手機號碼的人，讓他們「第一個知道」。

我問傑瑟默，為什麼不透過臉書就好，不是更方便嗎？他大笑說：「透過臉書，資料就會在臉書手上，而不在我這裡。我建構網站的目的，不是要設計一個跟臉書一樣的平台，而是要利用這個網站蒐集資料，讓我們更了解選民。」

二〇〇八年十一月，歐巴馬打敗馬侃贏得勝選時，傑瑟默的團隊已經向三百二十萬名捐款人募得五億六千萬美元。他們的資料庫裡，蒐集到一千三百五十萬人的電郵地址，半數以上是由親友推薦取得的資料。歐巴馬的團隊不訴求龐大的中間選民，反而藉由培養一群充滿幹勁的死忠粉絲，最後贏得選戰。

二〇〇九年，德州大學電腦學者穆拉特．康塔（Murat Kantarcioglu）用自己的帳號，下載十六萬七千名臉書用戶及他們三百萬名朋友在臉書個人網頁上刊登的資訊。他跟一名研究生想知道的是：能否利用這些資料，分析出臉書使用者的政治傾向？

兩人從臉書上公開的「興趣」和「政黨傾向」資料著手，再往下查看別的資料。康塔告訴我，全都是靠電腦來分析——要是某人喜歡電影《亞馬遜悲歌》（*End of the Spear*），就比較可能是「共和黨傾向」；相反的，假如某人支持國際特赦組織，或是在「每次我看到俊俏的共和黨男孩，就心灰意冷」的臉書粉絲團按讚，就可能是民主黨支持者。為了測試這項推論是否準確，他們將分析的結果，拿來跟人們自己揭露的政黨傾向來比對。最後發現，五次測試中有四次的結果相符。原來，我們的興趣、喜好和所屬社團，確實可以做為判斷投票行為的指標。

的確，面對什麼都有的網路，我們會漸漸與志同道合的人混在一起——無論他們遠在天邊，還是近在眼前。然而，有得必有失。梅瑞爾告訴我，他在構思「非農勿擾」網站時，其實有發現一點：一般來說，農民通常不會跟同行結婚，而是會選擇跟同一個鎮上、從事其他行業的人在一起，例如老師或小吃店的女老闆——她們不必是農民，只要不排斥務農生活即可。有人甚至懷疑，或許連這些農民自己心中，也沒那麼看重自己務農這件事。「尋求認同」這股風潮，也許反而讓我們忽略了人與人之間普遍存在的共同點。梅瑞爾承認，當年啟發他創辦「非農勿擾」的那位女客戶，到現在都還沒找到對象。「據我所知，」他說：「她還在尋找真命天子。」

7

太死忠，也是死路一條

小眾市場的危機

意識形態相近的一群人，
如今越來越頻繁往來，
然後越來越「搞不懂」與自己意識形態不同的「那些人」……

走進西倫敦的達爾文中心（Darwin Centre），迎面而來的是蝴蝶——三百五十萬隻。這棟名為「繭」（Cocoon）的建物，位於自然史博物館旁，八層樓高，外圍是大片玻璃牆，裡頭收藏了世界上為數最多的植物和動物標本，純白色走道兩旁可以看到各式各樣的標本——蜜蜂、螞蟻、蠍子、蚱蜢和蜘蛛。

這棟建物在二〇〇九年秋天完工，是地球豐沛生態的縮影，也是自然科學家的心血結晶，展示著四百年來包括達爾文在內的自然科學家們，在世界各地辛苦探險所得來的戰利品。走在長廊上，遊客們可以透過玻璃看到數百位科學家們在實驗室裡工作。由於不斷有新的品種被發現，因此這裡的收藏會常常更新。據說，目前為止，全球還有高達九成的物種尚未被人類發現。

科技，也日新月異。例如現在有了網路，讓世界各地的自然科學愛好者可以串聯起來。今天，倫敦自然史博物館制定了一套辦法，讓所有人都能透過網路提供消息，協助增加館藏。很多業餘自然學家自己在網路上組成社團，而且每個社團都有自己專精的領域。網路上，如今有線上資料庫，報導最新發現的松鼠、甲蟲和螢火蟲；相片分享網站Flickr上，也有人分享對植物、樹木或野花的觀察。此外，有人會刊出照片，證明自己發現了某個全新的物種，甚至協助科學家識別。

大致來說，科學家非常樂見網路上出現這樣的熱心群眾，畢竟，他們自己沒有太多時間與資源去探索自然界裡這麼多種生物，因此有更多人自願參與，當然再好不過。很可能，你也是熱心群眾之一。雖然我們都不喜歡隨便被市調專家貼上標籤，但卻會像這些自然科學愛好者一樣，在網路上主動加入社團，把標籤往自己頭上貼。

然而，我們會不會太急切地想加入社群，反而讓我們困在社群裡無法自拔？我們原本只是想與志同道合的人交流，但會不會最後反而跟同好們一起畫地自限，困在小框框裡？

你畫了一個框，然後把自己困在裡面

我第一次跳入小框框，是多年前找工作時在「就業平等表格」上，勾選了「愛爾蘭裔白人」的小方格。

那份工作，是要在倫敦貧民區一棟收容中心當管理員，負責管理住在裡頭的二十六個家庭。後來，我被錄取了。能有機會幫助這些原本無處落腳的家庭，我當然很感激，但我一直耿耿於懷的是：其實當時我才二十歲，也沒半點管理經驗，根本是因為勾選了「愛爾蘭裔白人」，才被錄取的。

住在那棟收容中心的，多半是剛搬到英國的家庭。其中有一位是土耳其移民，為了逃離企圖殺害她的丈夫而來到英國。負責照顧她的社工告訴我，她不會講英文。在我用簡易英語搭配比手畫腳跟她交談了三個月後，她才忍不住大笑地告訴我，她的英文好得很，是因為這個收容中心很搶手，為了確保自己和兒子能住進來，她只好可憐兮兮地假裝自己不會英文。

跟我一樣不喜歡在這種格子上打勾的，還有知名經濟學家沈恩（Amartya Sen）。我到劍橋拜訪他，一起在三一學院華麗的餐廳吃午餐。沈恩一九九八年贏得諾貝爾經濟學獎，並擔任三一學院院長（Master of Trinity），是領導牛津學院的首位印度人。現在，這位世界聞名的學者經常往返美國、印度、義大利和英國等地。他仍保有印度國籍，英國則是他的心靈寄託。「每個人都有很多身分，」他說：「我喜歡在哈佛教書，因此我有一個『美國學者』的身分；但我也有別的身分——『經濟學家』、『中間偏左分子』、『平等主義者』。」

因此，對於英國官方文件上，要人民必須主動勾選自己的宗教信仰（然後再據此把人民歸類為不同族群）的做法，沈恩非常不認同。表面上，政府是在讓人民有表達宗教信仰的自由，實際上的結果，反而是人民硬被政府貼上不同的宗教標籤。

「我們正在坐視這種事情發生，」他說：「我認為，這其實是一種暴政。雖然看起來似乎是賦予人民表達的自由、鼓勵彼此尊重，但最後造成的結果，卻是個人的自由遭到剝奪。我們每一個人，都來自許多不同的團體、擁有不同的身分，如何認定哪一個團體、哪一種身分對自己更形重要，是每個人的自由。比方說，對於一個孟加拉人來說，你硬要凸顯他『穆斯林』的身分，而忽略了他『來自孟加拉』的事實，就會造成誤導。完全不看其他背景，就因為他是穆斯林，而主觀地認定『你是個穆斯林，所以請當個溫和討喜的穆斯林，可別一副極端激進的樣子』——簡直莫名其妙。」

沈恩的看法一點也沒錯。硬要用宗教信仰把人民歸類，是很不明智的做法。不說別的，很多宗教和族群連自己內部都有很大的分歧。例如伊斯蘭教就有嚴重的派系之爭，遜尼派與什葉派水火不容，真的能歸為同一類人？再拿斯里蘭卡來說，有泰米爾人和錫蘭人，雙方原本就關係緊張，可以把兩者視為相同的「斯里蘭卡人」嗎？

更糟的是，只依據片面資訊就武斷地將人民歸類，會帶來更深的成見。例如在街頭犯罪統計中，黑人青少年的確占很高比例，但英國犯罪學家瑪莉安・費茲傑羅（Marian Fitzgerald）和克里斯．海爾（Chris Hale）深入檢視英國犯罪資料後卻發現，我們可能錯怪了黑人青少年，因為真相是：大多數的街頭犯罪都是發生在都市邊陲——正好是黑人青少年最可能居住的地方罷了。

我是拜「絕地武士」的，你呢？

當一個社會的資源分配方式是建立於族群背景之上，往往就會變相鼓勵人們為了爭取到資源，而更加強調自己的族群身分。結果就是，族群之間的差異也因此被深化了。在政治學上，這就是所謂的搞「分化」（cleavage）——政治人物為了鞏固自己的選票，通常會想辦法把支持者分類，然後鎖定重點。有時候，他們會鎖定族群和宗教，有時候則鎖定不同的年齡層。

舉例來說，隨著平均壽命日漸延長，我們現在有更多「世代」——從新生兒，一直到曾祖父母——而每一個世代，都有與自己切身利益相關的政治課題。其中，投票意願最高的通常是年紀較大的世代。拿二〇〇九年九月的德國選舉來說，主要政黨就都在搶年長選民的選票——大家爭相造訪安養院和健康中心，頻頻在先前沒什麼名氣的《露營車》（*Caravan*）雜誌和《醫藥評論》（*Pharmacy Review*）上曝光。

不只德國，多年來美國傑出社會學家西達．斯考切波（Theda Skocpol），就研究了美國兩大政黨為了討好不同世代，會在選舉期間所採用的花招。斯考切波告訴我，當美國政治人物為了討好退休族群而犧牲其他人民的福利時，基本上已經違背了社會福利計畫在一九三〇年代立法時「全民所享」的精神。政治人物把選民切割為不同世代的把戲，已經玩過頭了，斯考切波說，要知道，多數年輕人還是會花時間照料年長父母，而且多數中年人也與更年長的父母密切往來，因此不同世代的利益根本是緊密相連的。大多數選民其實都明白：對任何一個世代有利的事，也同時能造福其他世代。「這也就是為什麼，美國年輕人沒有隨著政治人物起舞，把年長世代視為敵人，」史考波說：「一般人不會依據年齡來區分自己身邊的人。不過，還是有人會這麼做就是了。」

斯考切波說，美國大約只有約三分之一的老人，願意接受自己被歸類為「年長者」；大多數人也不喜歡政府單位，硬要人們勾選自己的族群背景和宗教信仰。英國公共政策研究院（Institute of Public Policy Research）的研究人員，曾經拿著英國人口普查中的族群和宗教資料去隨機採訪，結果發現大多數人都認為這種做法很可笑。該研究院在後來發表的〈別把我放到格子裡〉（You Can't Put Me in a Box）報告中說：「特別是年輕英國人，最懶得勾選這種關於身分背景的小格子。」

接受訪問的年輕人中，大都反對政府加諸他們身上的分類方式，相反的，他們認為，人民應該有權自行從「更彈性、更多面向」的分類中勾選。他們同意，某些身分是與生俱來的，「但重要的是，我們的受訪者大都希望能自由選擇自己想要的身分。」

比方說，很多人就不喜歡在現有的「宗教信仰」空格中勾選。在英國二〇〇一年那場人口普查前不久，很多人收到一封電子郵件，內容提到：假如有一萬名英國人稱自己的宗教信仰是「絕地武士」（Jedi Knight，電影《星際大戰》裡的虛構角色），那麼就可以逼政府接受真的有這個信仰。這樣的說法，當然不完全正確，不過還是有三十九萬人這麼做，足以讓「絕地教」成為英國第四大宗教。一個月前，紐西蘭也有人這麼做，澳洲和加拿大也冒出很多「絕地教」徒。當然，這麼做的理由不難理解。「如果你喜歡《星際大戰》，請你這樣做。」這封電子郵件結尾寫道：「如果不喜歡……，也請你這樣做，就當作讓政府知道我們很不爽吧！」

你幾歲、住哪？我親切、開朗又風趣……

不過話說回來，儘管受訪的英國人不喜歡被政府框到格子裡，他們倒是不介意自己畫格子跳進去。他們認為政府的這個身分分類方式，最大的問題是「涵蓋太廣、太沒人味，無法看出一個人的特性」。

相反的，如果可以，他們很樂意用自己的方式來表達自己的身分。例如當研究人員問「你是誰？」時，受訪者往往以自己的價值觀或個人特質來描述自己，而不是用任何人口統計資料來界定自己。比方說，「他們不會說自己是『三十二歲的蘇格蘭男性』，而會說自己『親切、開朗又風趣』，大家會用自己的特質形容自己，很少用人口普查列出的那些項目來自我描述。」

這其實一點也不令人意外。在臉書和MySpace的頁面上，我們已經很習慣回答各種關於我們是誰的問題。我們會依據自己的姓名、年齡、性別和宗教信仰來描述自己，接著再列出自己的興趣和喜好的事物；然後，我們會不時地更新這些資料，發布最新動態給我們認識的人。而且，我們在這些網站上寫的個人資料，通常也幾乎都屬實。MySpace創辦人克里斯・

德沃夫（Chris DeWolfe）認為，MySpace九八%的美國用戶都老實說出自己住在哪裡，一旦有結婚或搬家等重大變動，不久就會更新資料。

不過，我們其實更喜歡用自己喜歡的方式來描述自己。例如臉書，剛開始是請新用戶從下拉式選單中選擇自己的政治傾向，不久卻發現，人們寧可選用文字欄位自行表述。二〇〇六年，臉書增加「宗教傾向」欄位時，情況也一樣。有三分之二的臉書用戶，選擇在文字欄位自行表述，而且大家的表述方式都很有自己的風格。現在，臉書用戶列出的宗教多達數千種，「絕地教」目前排名第十。

北卡羅萊納大學教授彼德．波考斯基（Peter Bobkowski）與同事們，曾經研究在MySpace上的年輕人如何表達自己的宗教信仰。結果發現，有相當高比例不勾選MySpace條列出的宗教，而是喜歡用自己的表述方式。波考斯基告訴我，年輕人通常想跟主流宗教保持一點距離，所以會自創一些新奇的字眼。

研究網路交友的以色列社會學家伊娃．依魯茲（Eva Illouz）在《冷漠的親密關係》（*Cold Intimacies*）中寫道，很多人在剛加入交友網站填寫個人資料時，會有某種程度的「自省」，亦即為了凸顯自己的特色而認真回頭看自己，包括品味、觀念、夢想、理想中的對象等等」。依魯茲說，這很重要，否則可能會找到不適合自己的對象。

而且，除了凸顯自己的特色，你也得盡量精準地設定對象的條件。「舉例來說，如果你的擇友條件是金髮、不胖、不抽菸、三十五歲以下的大學畢業人士，那麼就會有一堆人符合這些條件。」

就像前面談到的網路購物，今天只有稀有、特別的東西，人們才願意花大錢；任何地方都能買到的東西，價格通常不怎麼樣。「網路讓我們能看到整個市場，讓我們知道自己有哪些選擇（說穿了就是讓我們更容易比價），因此我們往往通常會低估——而不是高估——我們在網路上遇到的人。」換言之，除非我們設法讓自己看起來很特別，否則我們就會平凡普通化，也不會有多少人看上我們。因此，我們會像老鷹似的縮小搜尋範圍，希望能精準地找到最適合的對象。

問題是，依魯茲說，兩個人之間能不能產生愛的火花，不能只靠網路上所列舉的條件。「這就是為什麼我們常會愛上跟我們預期差很多的人；在熱戀中的我們，往往也願意拋棄原先的期待——因為我們要的是整體感覺是否對盤，而不是那些個別條件是否理想。」

民主黨人喜歡貓；共和黨人愛養狗？

當我們要找的是美食或是志趣相投的朋友，擁有這種精準搜尋的能力，真的很不錯。然而，假如我們之間的共同興趣漸漸凝聚成一種世界觀，覺得我們這群人是與眾不同的一個團體，問題就來了。

其實早在網路出現前，就有證據顯示：我們會渴望花更多時間跟與自己近似的人在一起。二〇〇四年時，德州奧斯汀一個叫比爾．畢夏普（Bill Bishop）的記者，連同從當地大學退休的社會學教授羅伯特．庫辛（Robert G. Cushing），一起調查美國的人口地理學模式。跟歐洲人比起來，美國人遷移的頻率較高，但是畢夏普跟庫辛發現：過去三十年來，美國人選擇搬到品味、信仰、價值觀和自己相似地區居住的現象越來越明顯。「這是刻意選擇下的結果。」畢夏普在著作《大歸類》（*The Big Sort*）中說。

畢夏普認為，這種大規模遷徙的結果，可以從一個數據明顯看出來：一九七六年的總統大選，美國有二六．八％的選民住在「大票倉」──也就是其中一位候選人大贏二〇％以上──的選區；但到了二〇〇四年，這個數字暴增為四八．三％。當然，畢夏普關心的不是

「選區」，而是當地的教會、團體與社群。他說，在美國「意識形態相近的一群人，如今越來越頻繁往來，然後越來越『搞不懂』與自己意識形態不同的『那些人』」。

這樣一來，所造成的結果是：政治與生活型態之間越來越密不可分。行銷人也越來越常根據生活型態來預測政治傾向，比方說，民主黨的人比較喜歡貓，而共和黨的人愛養狗。二○○四年的那場美國總統大選開打後，有人研究「教養方式」與政治之間的關聯性後發現，「常打小孩的人」比較可能投票給小布希；另一位研究者更聲稱，預測投票行為最好的指標，就是看「一個人成家的方式」——因為他的研究發現，「婚前先同居的人，比較可能投票給民主黨候選人約翰・凱瑞（John Kerry）。」

畢夏普還發現，加州有家建商在賣房子時，會先詢問買家對「我們必須珍惜地球」和「耶穌基督讓我獲得重生」這兩句話的認同程度。至於自由主義者也有屬於自己的地盤，例如在紐約，「長者藝術家之家」（House of Elder Artists）是曼哈頓藝術家和活躍分子的大本營，而「小我之家」（House of Tiny Egos）則是布魯克林波希米亞人的聚集處。理念村協會（Fellowship for Intentional Community）指出，這類所謂的「理念村」（intentional community）的數量日漸增加，二○○五年有六百一十四個，到二○○九年超過了一千三百個。

畢夏普的著作《大歸類》，是在二〇〇四年美國總統大選後動筆。在這場大選中，小布希選戰團隊已經懂得將支持者細分為很多小群體，然後分別催票。透過高科技資料探勘技術，小布希團隊甚至能在民主黨票倉中挖出一小群的共和黨支持者。三年後，歐巴馬團隊採用的手法更厲害——透過網路，讓支持者可以互動，進而強化彼此的認同，也讓傳統的地緣關係不再像過去那麼關鍵。

說好的公正客觀呢？怎麼各擁其主去了

不過，地緣關係不再那麼重要的原因，除了網路之外，還有電視。二〇〇八年的那場總統大選中，我們就看到許多有線電視節目暴紅，這些節目之所以異軍突起，正是因為它們刻意迎合觀眾既有的世界觀。例如福斯新聞網（Fox News），就積極擁抱共和黨，力挺像比爾·歐萊利（Bill O'Reilly）那樣語不驚人死不休的主播。觀眾顯然很吃這一套：一次又一次的調查都顯示，福斯是美國人最信任的新聞頻道。為了跟福斯一較高下，ＮＢＣ的新聞頻道ＭＳＮＢＣ也開始轉型，力挺左派言論，請來一樣伶牙俐齒的脫口秀專家吸引左派觀眾收看。

這一來，原本堅守中間地帶的CNN，只能眼睜睜看著收視率節節下滑。CNN在二〇〇九年黃金時段的收視率，除了不如FOX之外，竟然還低於MSNBC。根據TiVo蒐集到的資料，收看福斯新聞台的觀眾中，民主黨與共和黨支持者的比率為一比十八，而MSNBC的觀眾群中，民主黨與共和黨的比率則是六比一。儘管如此，其實所有電視台都在掙扎——經營環境這麼糟，還能怎麼辦？當觀眾漸漸流失，這些主流媒體只好拚命從四面八方把觀眾找回來。然而，換作是以前，主流媒體會設法保持中立，以吸引來自不同黨派的觀眾；但是今天，福斯和MSNBC不再那麼做，乾脆直接訴求特定黨派的觀眾。

目前，收看福斯和MSNBC夜間新聞的觀眾人數尚未超過無線電視台，但正逐年增加，影響力也越來越廣。他們的觀眾不只是「關心」政治新聞，而且非常投入。政治學家馬庫斯．普賴爾（Markus Prior）說這種觀眾，與一般觀眾（有新聞看很好，但不看也無所謂）之間的落差越來越大。或許，這沒什麼不對，但隱藏在這個現象之下的，是美國生活正在出現的重大分裂。從歐巴馬的死忠粉絲到茶黨的抬頭，各種新社群紛紛冒出，與主流分庭抗禮。

美國另一位政治學家亞倫．阿布拉莫維茲（Alan Abramovitz）深入分析最新的選舉資料後發現，現在要預測選民投票行為，最理想的方式不再是用什麼年齡、教育、所得、性別或種族等資料，而是要看選民自己對政黨熱中的程度。例如中間偏左的中間選民，最可能對選情無動於衷。「美國人似乎已經分裂為兩種人，」阿布拉莫維茲在《消失的中間選民》（*The Disappearing Center*）一書中說：「一種熱中政治，另一種不在乎政治。」

對社會學家來說，這種現象通常被稱為「兩極化」（polarisation）。被歐巴馬延攬到白宮的學者凱斯．桑斯坦（Cass Sunstein），在著作《走極端》（*Going to Extremes*）中提到：「與看法相近的人在一起，我們常會刻意重申自己原本的想法，設法減少與對方之間的歧見。從政治、家庭、企業、教堂到學生組織，我們都能看到這種現象發生。」

小眾固然很好，但我們共有的文化呢？

桑斯坦認為，歐巴馬在二〇〇八年選總統時，就受惠於這個現象。歐巴馬支持者（尤其是年輕人）透過網路幫歐巴馬拉票，這股驚人的活力除了展現他們與傳統主流政治不一樣，也鼓勵了支持者們更加投入政治。

這個策略固然奏效，但也帶來問題——兩黨的熱情支持者，從此各擁其主。政治，淪為一種表態，就像拿著一本Moleskine筆記本，或告訴人家你愛看ＨＢＯ影集，成了我們用來「表明」自己身分的工具。棲息在不同社群裡的我們，只在社群裡相互取暖，不再傾聽社群之外的聲音。

我們正處在一個全新的環境裡，觀眾想要什麼，已經與過去大不相同。今天，每個人都能找到自己想看的內容，卻很少有內容是每個人都想看的。整體來說，我們現在的情況比以前要好得多，比方說，以前我們都得看同樣的電視節目和頻道，卻未必能看到我們想看的節目——這也是為什麼當年我們老在搶搖控器。現在，我們不必跟家人一起看電視，還是可以跟家人有共同話題可聊。說不定，當大家可以隨心所欲地看電視，反而會讓我們與家人之間的感情更好。況且，現在有各種節目可供挑選，我們再也不會因為沒看什麼節目而感到遺憾。

然而，在這種新文化景觀裡，仍有值得重視的問題。例如上網時，我們往往缺乏耐性，懶得把一件事情的來龍去脈搞清楚，犯了見樹不見林的毛病；加入社群時，我們也常輕易接受社群加諸於我們身上的標籤，越來越死抱著原有的想法，拒絕改變。在這種情況下，加入一個社群，就像削足適履——你得硬把自己形塑成社群要的樣子。出版人伊莉莎白·席夫頓

（Elisabeth Sifton）在為《國家》（*Nation*）雜誌寫的一篇文章裡，就提到她的憂心：「網路是一片汪洋大海，卻只有很少浮標把人們帶往有意義的方向……沒錯，你可以為你獨一無二的書在網路上找到小眾、特殊的社群，但我們共有的文化呢？想像一下，讀者會怎麼讀你的書？十年後，你的下一本新書，該怎麼寫？」

問得好，當大家都聚在一起重複著立場，你要怎樣提出新觀念？答案很明顯，當然是：自己搞個社群吧。

結 語

你的熱情，你的知音

如何讓小眾上門

如果你有主張，那就好好去找你真正的知音，
他們並不存在於虛幻的市調數據中。

二〇〇七年（也就是Gap前執行長普萊斯勒離開Gap那年），五十六歲的機車經銷商湯姆．希克斯（Tom Hicks）讓我們看到了小眾的力量。走一趟他設在橘郡購物中心的展示店，你就能明白他是怎麼辦到的。

希克斯的公司叫做南加州機車（Southern California Motorcycles），但其實只賣一個品牌的機車，就是義大利的杜卡迪（Ducati）——在美國，算是很冷門的牌子。在橘郡購物中心的展示店裡，你也看不到其他品牌的機車、零件或配備，只有好幾款杜卡迪機車；壁紙是杜卡迪騎士的簽名照，還有一個大型電視螢幕，反覆播放杜卡迪機車抵達比賽終點的畫面。另外，店裡的牆上還釘著杜卡迪的旗幟、雨傘，以及一件杜卡迪牌的浴袍。對於初次

造訪者來說，這裡看起來比較像膜拜杜卡迪品牌的聖殿，而不像展示間。

希克斯是在二〇〇〇年，用賣掉房子所籌到的六萬五千美元創立了這家公司。剛開始，他賣的是另一個來自歐洲、同樣在美國很冷門的品牌Triumph機車。他的經營策略有點特別：他不賣一般的機車零件與配件，因為他認為這種東西人們大可上網或去大賣場買；但是，只要是與Triumph機車有關的所有東西，他都有賣。「我的想法是這樣的，」他告訴我：「如果你真的喜歡Triumph機車，你不會想去那種旁邊擺著幾台哈雷機車、運動裝、店員又一問三不知的店。我要讓Triumph機車迷一走進我的店，放眼望去都是他真正熱愛的東西，而且這裡什麼都有，他不必費心去其他地方找。」

後來，希克斯引進杜卡迪機車，並在原來的店隔壁再開一家店，專賣杜卡迪機車。不久後，希克斯又增加另一個品牌Victory機車，開了第三間店。也就是說，希克斯在同一個購物中心裡，有三間店分別展示著三個不同品牌的機車。

他帶我逐一參觀這三家店，每一家都有自己獨特的風格。杜卡迪那間以深紅色系為主，Triumph店讓人覺得宛如置身於深藍色大海，而Victory專賣店則以黑色為主軸。三家店之間唯一的共同點，就是由同一個客服部負責——同一組訓練有素的技工，負責這三個品牌機車的維修——但這三個品牌的消費者卻不會感覺到其他品牌的存在，都覺得那是他所購買品牌的專屬服務。

行銷？早就不打廣告了……

希克斯頭髮梳理整齊，眼神猶如傳教士般誠摯。一個機車迷心裡想什麼，他比誰都清楚。他對機車的著迷，已經害他離婚四次，還一度破產。早在一九七六年，他就在車庫開起機車行，後來因為壓力太大，只好把生意收掉，到本田公司當技工。後來，他跳槽到Triumph機車公司，那段期間讓他最得意的事，就是在一九九六年教女星潘蜜拉・安德森（Pamela Anderson）騎機車，讓安德森在電影《未來帝國》（*Barb Wire*）中大秀特技。過去三十年，希克斯不但參加各種機車比賽，也在機車耐久賽中締造五次世界紀錄。

剛創辦南加州公司時，希克斯只有三名員工。第一年，他賣掉五十三台機車，第二年增加為一百一十六台，到二〇〇六年時年賣三百台，隔年更高達四百台。我在二〇一〇年跟他碰面時，年銷量已經超過五百台，員工也增加到二十八人，年營業額三百萬美元。過去三年，他旗下的專賣店連續被選為美國第一大Triumph經銷商，二〇〇七年則成為美國第一大杜迪卡和Triumph經銷商。他告訴我，現在他手邊隨時帶著杜卡迪、Triumph和Victory機車的鑰匙，這樣他隨時想上路飆車，都有車可騎。員工們說，他跟《花花公子》創辦人海夫納（Hugh Hefner）一樣玩心不減，所以乾脆幫他取了綽號叫「海夫」（Heff）。

講到行銷，希克斯早就不必打廣告，連電話分類簿上的廣告也省了。他用的方法，是直接寄發電子郵件和經營網站。他親筆寫的《湯姆特訊》（*Tom's Tidbits*）電子報，每週發行一次，「現在的人，」他說：「花在電腦上的時間比什麼都多。」另外，他也會在當地舉辦機車賽；別人辦的機車賽，他也一定不會缺席。他的店，現在已經成了Triumph和杜卡迪機車迷的大本營，只要繳交三十美元的會費，就能成為會員，在店內購買運動衫和配件——這些商品比機車的利潤更高——享優惠價。

希克斯跟我說，光是這些機車騎士在店裡走動，就是他們店裡的活招牌，他們甚至自願幫希克斯辦活動。滿足了這群死忠機車迷的需求，希克斯認為，他們就會幫他打廣告，發揮口碑行銷的力量。雖然，希克斯代理的這幾款小眾機車，無法在短期內超越美國五大品牌，但是這類小眾市場在過去十年內穩定成長。

你自己不先深深愛上，要怎麼讓顧客買單？

為什麼希克斯能把南加州機車公司經營得有聲有色，而普萊斯勒帶領的Gap卻節節敗退？在加州，這兩家公司相距不遠，希克斯和普萊斯勒年齡相仿，兩人都在購物中心裡賣東西。最後會有這種差別，難道是兩人的生意頭腦差很多？似乎不是，畢竟普萊斯勒當初也是帶著輝煌戰績接下Gap執行長的職務，反而是希克斯先前還有破產紀錄，靠著賣掉房子才有錢創辦南加州公司。

兩家公司的表現之所以落差如此之大，原因出在：兩人所採取的策略不同。同樣遇上主流文化崩解、市場中間地帶逐漸流失的大趨勢，普萊斯勒的回應，是想盡辦法留住Gap數以百萬計的顧客，打算運用手上的豐沛數據，將顧客劃分為不同群體，然後逐一攻破。

表面上看來，希克斯也是這樣想的。他知道，就算很多人都說想與眾不同，實際上還是會想跟興趣相同的人為伴。不過，希克斯跟普萊斯勒不一樣的是：他沒有把消費者分類。相反的，他根本沒有設定消費者類型，他只是把自己喜愛的機車放到店裡，讓同樣喜歡這些品牌機車的顧客自己上門。

話說回來，這兩人有什麼不同，干我們什麼事呢？那是因為，面對全新的市場生態，希克斯這種人，會比普萊斯勒更有可能成功。希克斯是打從骨子裡熱愛機車的人——他活在機車的世界裡，也樂於將自己所愛的機車與任何人分享。他知道，必須燃起顧客的熱情，所以他把喜歡這幾個機車品牌的忠實粉絲聚集到店裡。

他想要營造的，是一種有點像狂熱教派的氛圍——會刻意標榜自己與主流不同，成員們會很團結，有自己的規則、儀式與地盤。身為外人，我們常會質疑這些人到底在搞什麼，但實際上，大多數狂熱教派並不如我們想像中那麼可怕——就像基督教在演變為主流大教之前，剛開始也被視為狂熱教派。

偉士牌機車、貓和咖啡

今天，當我們想起伍爾沃斯百貨或電影《亂世佳人》時，往往帶著一種淡淡的懷舊之情。但我們雖然懷念這些老東西，卻不見得真的那麼喜歡。通常，我們也不是真的懷念這些東西，而是這些東西讓我們聯想到的事——想當年，我們都去同一個地方買東西，看著同樣的影片。主流文化，過去為我們帶來共同的語言，但是今天卻顯得空洞無趣。

當然，市場還是會有熱賣的大眾商品，想盡辦法贏得我們大家的青睞。重點是：我們將看到大量沒特色的中間市場商品，再也乏人問津——例如那些過去我們因為別無選擇，才會看的電影和電視；因為要打發時間，才會讀的報章雜誌；因為沒地方可去，所以才會逛的商店。

而當大量中間市場的商品消失，好玩的新事物也漸漸冒出頭來。例如我住家附近走路就到的老肯特路上，就開了一家有趣的小咖啡館，這本書的大多數章節，就是在這間咖啡館裡完成的。

我剛搬到這一帶時，那裡還不是家咖啡館，而是一位坦率的紐西蘭人克瑞格所開的機車修理行。要走進這間店可不容易，你得先跨過一台台壞掉待修的偉士牌機車，還要閃過旁邊的雜物。克瑞格跟他的女友娜塔莉都愛貓，所以店裡還會看到幾隻被照顧得無微不至的貓咪。

克瑞格恰好也是咖啡迷，所以牆邊擺了舊式義大利濃縮咖啡機和磨豆機。後來，他跟娜塔莉決定乾脆合開一家咖啡館。剛開始，是機車行和咖啡館並存，後來咖啡機、桌椅越擺越多，占了整間店，機車修理行只好搬到別的地方，原本的店就成了一家「機車咖啡館」（Scootercaffé）。隔年，他們蓋好樓梯，打通地下室，把地下室變成即興電影院，並與當地電影學會合作，放映有偉士牌機車的主題電影。

為了讓店裡更有義大利情調，克瑞格開始販賣其他地方買不到的義大利飲料。而且，這家店的熱巧克力也相當有名，是以香醇濃郁的熔岩黑巧克力製成。雖然轉角就有一家星巴克，但是喜歡咖啡、貓咪或機車的人都愛來這裡。到了晚上，這家機車咖啡館還會變身為一間小酒吧，讓貓咪和機車迷一起在這裡飲酒狂歡，所以這家店的生意越做越好。

不只是賣食材，也在教我們如何享用美食

走出機車咖啡館，就是下沼澤街（Lower Marsh）的盡頭，旁邊是滑鐵盧車站。這裡原本是沼澤地，所以才以此為名。兩百年來，下沼澤街一直是各行各業生意人、攤販和零售業者的大本營。從各式各樣的店面和建築風格，就能看出這條大街的演變。這條街上，有些店是百年老店，許多店家也目睹了這條大街的演變。街上大多數的店家，都為生意越來越難做而苦惱——曾是當地特色的露天市集不見了，經常逛市集的上班族也不再光顧。

然而，其實就在同一段時間，這一帶也開始出現了新的風貌。二〇〇八年、也就是機車

咖啡館開張那年，下沼澤街的另一頭就開了一家叫做格林史密斯（Greensmiths）的頂級食材專賣店，店裡賣肉、蔬果、酒、西點麵包和咖啡豆，全都以產品新鮮和產地直送為訴求。例如這家店就聲稱，自己賣的生薑豬（Ginger Pig）是以傳統方式培育，「風味獨特，肥瘦肉比例跟塔姆沃斯豬（Tamworth Pig）相當，毛色猶如生薑，故以此命名。」

在食品業中，這類頂級食材專賣店的成長最為迅速。以美國來說，頂級食材專賣店的營業額從一九九二年的二百六十億美元，增加為二〇〇九年的六百三十億美元。根據產業公會的資料，預計到二〇一五年時，頂級食材專賣店的營業額將占所有食品營業額的五分之一。

不過，我們之所以會變得好像對吃很在行，不光是因為食材誘人。就像精品咖啡館會讓優質咖啡變成一種體驗，讓我們可以一邊品嘗咖啡，一邊沉浸在這種美好體驗裡，許多食材業者也把美食變成一種社交活動。例如格林史密斯，就常舉辦各種活動──包括乳酪品嘗會、品酒會、香腸製作課程等等。

隔幾家店的倫敦愛編織小鋪（I Knit London），也採用同樣的做法。這家店跟機車咖啡館和格林史密斯同一年開張，標榜自己是「編織迷的專屬俱樂部」。這家店的架位上，堆滿比百貨公司種類更多、品質更好，而且其他地方很難找到的手染紗線。不過，那只是客人上門光顧的原因之一。「只要你愛上編織，就會很投入。」當我走進這家店，其中一位老闆告訴我：「他們一有空就會動手編織，所以需要不斷補充紗線。再加上，他們想讓別人看看自己的作品，也想向別人學習。」每週三或週四晚間走過這家店，你會看到店裡擠滿編織迷，大家一邊編織，一邊喝著洋梨西打，還一邊展示自己的作品。

這些各有特色的精品店都在同一條街上，但是光顧這些店的美食迷、咖啡迷和編織迷分別來自不同背景，彼此間的交集少之又少。就像希克斯為旗下三個品牌分別設立的店面，它們有各自的忠誠粉絲，彼此未必有交集。

什麼？一整本雜誌只拍牙刷就能賣錢？

如果說，這種小商店的忠誠顧客已經足以威脅到大型企業——那些聚集在希克斯店裡的騎士，有人還大老遠騎了二百五十哩路過來呢——想想看，要是大家都上網光顧這些小商店，情況會是怎樣呢？

我們身處的新市場生態最棒的一點，就是它讓任何人不管身在何處，都能透過網路找到與自己興趣相投的人。這一來，我們不再需要普萊斯勒這種人把我們區分為不同族群，甚至不需要希克斯所精心設計的交流空間。

就像Gap的主管們當年鎖定的時尚年輕人，其中很多人其實受不了大企業刻意為他們推出的商品，寧可自己去挖掘別的小品牌，也讓小品牌的流行服飾越來越夯。這股小品牌風潮的帶動，要歸功於消費者現在能透過網路，交換各種收藏級的球類、運動衫和棒球帽的訊息。

這樣的訊息交換是跨越國界的，而且還有許多新創刊、專門報導冷門產品故事的雜誌推波助瀾。例如知名的線上潮流雜誌*Hypebeast*，就是從香港一位球鞋迷部落格發展而成的，這份線上雜誌現在有二十名寫手，每天追蹤最新產品動態和新店開幕情報，不但是全世界球鞋迷的天堂，也成了網路上最受歡迎的時尚網站之一。

另外，紐約每季出刊的《時尚天線》（*Antenna*）雜誌也是。這本雜誌看起來不像一般的時尚雜誌，倒像是一本藝術攝影集。它的特色是：以視覺圖像來呈現所有物件。例如有一次的主題是不同造型的牙刷，還有一次是拍世界各地五彩繽紛的口香糖。每張相片旁除了產品名稱和價格之外，就沒有提及其他細節了。重點是——這本雜誌的創辦人兼總編輯東尼·葛維諾（Tony Gervino）說——跳出大品牌設下的框框，破除品牌迷思，「告訴人們該怎麼穿搭，該對什麼感興趣」。葛維諾告訴我，在剛創辦這份雜誌時，有一期他甚至把一台大拖拉機的照片當封面。即使如此，《時尚天線》雜誌在二〇〇七年創刊後，一年內就吸引十二萬五千名訂戶，而Gap就是最早在這份刊物上登廣告的客戶之一。

沒有大企業的包袱，花時間慢慢做出好東西

當然，這一切才剛開始，但我們有理由懷抱希望。藉助於網路，越來越多求新求變的創業家、創新者和懷抱夢想的人，想要加入希克斯的行列；我們也將看到更多充滿生機的新「巢穴」，並在巢中培養熱情的粉絲——無論你是馬術競賽的愛好者，還是迷上饒舌音樂，都能在巢中找到同好。

而且，當市場跨越國界，幾乎任何東西都可能發展出一個有利可圖的小眾市場。看看蘋果公司，多年來以「不同凡想」（think different）為訴求，吸引了全球數以百萬計的死忠粉絲，並成為世界上最知名、最懂得培養狂熱粉絲的公司。蘋果帶給我們的啟發是：要大膽嘗試創新。過去二十年來，像Gap這樣的大企業，砸下很多錢、投入很多時間，用市調人員所

歸納出來的消費者特性，來促銷旗下品牌。但是，新加入的小眾業者根本不甩這一套。他們不理會消費者有什麼特性，他們只在意自己的產品有多獨特，然後設法吸引消費者進門、認識產品、並為之瘋狂，再慢慢培養一群死忠粉絲。他們在主流之外開疆闢土，沒有大企業的包袱和限制，可以花時間慢慢做出好東西。

這種多樣性的出現，並不等於「業餘主義」的興起。相反的，如果專業主義指的是在特定領域擁有特殊專業技能，那麼依照目前的狀況看來，反而意味著專業主義將更加抬頭。過去很多人相信「品牌大，才有權威」，這種想法本來就是錯的，現在更是如此。看看那些大企業，這些年來為了討好顧客，不斷降低品味，在消費者心目中早已無權威感可言。因為，現在有了網路的我們，可以自行找到能幫助我們的所在，以及能指引我們、學有專精也樂意與人分享的專家。

而隨著新的、小眾權威誕生，大企業——過去的舊權威——當然不會坐以待斃，他們會想方設法重新打造自己的權威。不過，這回他們得更謙卑才行。畢竟，他們背著過去的包袱，短期內很難擺脫。

用心打造「巢穴」，讓小眾們看見你的努力

中間市場的陷落，並不等於大眾消費時代落幕。要知道，「主流」從來不等於「大」。我們不用替那些大企業擔心，他們大都有足夠的資源能把自己顧好。但是我們自己，可得好好用心找到小眾才行。我的建議是：把範圍縮小，提供人們在別處無法輕易找到的東西。不管你要吸引在地或來自世界各地的消費者，你的產品都必須夠獨特，並能讓他們認同。

這道理聽起來簡單，可是很多人一旦面對激烈競爭，就會把這句話又忘得一乾二淨。如果你沒有獨特的想法，消費者是看得出來的；相反的，如果你有主張，那就好好去找你真正的知音，他們並不存在於虛幻的市調數據中。

在這個階段，質比量重要，因此量不應是你關切的重點。要牢牢抓住你苦心開闢的小眾，你必須樹立自己在這方面的權威。只要是跟你領域相關的一切，都要設法去了解，同時確保你的小眾們知道你的努力。今天，很多聰明的消費者已經厭倦了在不同地方疲於奔命，他們想找的，是真正讓他們放心滿意的服務。好好培養他們，努力滿足他們。

設法為自己的產品打造一個獨特的環境，在這個環境裡頭有豐富的素材，能讓消費者體驗並深入了解你的產品。舉例來說，《星際大戰》不只是一部電影，還包括一系列的相關書籍、產品、電玩遊戲和人物公仔。這也不僅僅是一種推銷手法，而是為商品創造豐富的背景故事，讓粉絲沉浸其中。訴說動人的故事，是開闢小眾市場的關鍵。畢竟，市場上百家爭鳴，特色不夠強的商品，消費者很快就被其他業者搶走了。

當你有了死忠粉絲追隨，你就可以透過他們發揮口碑行銷的力量，也可以更加努力滿足更多粉絲的需求。通常真正重要的，很可能不是你所要推的重點商品，而是配件、周邊商品及內幕消息——因為這些東西能帶給粉絲更多參與感。你也可以成立一個會員專屬的俱樂部，讓更多人固定造訪。看看二〇〇八年的美國，宗教出版品與商品的市場規模高達六十億英鎊，因為福音派知道，讓音樂、影片、產品和配件熱賣的最好方法，就是：上帝。他們讓虔誠的信眾形成一個會員團體，然後再吸引更多信眾加入。

無論你對什麼有興趣，現在都能輕易在網路上找到規模最大的社群或討論區，因此最實際的其中一種做法，就是利用這類大社群當跳板。例如，你可以先在社群上貼文，讓大家先看看未公開發表的新作品，並請大家提供意見。

或許，隨著中間市場陷落，我們也正要邁入「現場」表演的黃金時代——尤其是較小眾型的現場表演或演講活動。大導演法蘭西斯．柯波拉（Francis F. Coppola）就說過，如果電影界打算在二十一世紀繼續大紅大紫，電影的上映方式恐怕得更有想像力、更獨特才行。比方說，也許電影導演本人得親自出現在戲院，「就像一場歌劇的指揮家，每場都可以變一點花樣。」

當腳下的根基動搖，驚慌失措的大企業們一古腦地往市場中間地帶擠，以為這是比較安全的選擇。不只大企業如此，很多原本鎖定小眾的公司，也在不安中跟著往中間市場靠攏。剛開始，這麼做不能說不對，但久而久之，卻讓這些業者再也找不到立足之處。他們真正該做的，是打造一個新的「巢穴」——或是重新整理它們原有的巢穴，讓自己適應新的環境。

每個人都想與眾不同，但真正讓我們人類與其他物種不同的是：我們是唯一會不斷創新、持續改變自己習慣的物種；每當遇上麻煩，我們也總能想出辦法脫離困境。

就像希克斯，我們該做的，是找到自己的小眾。

致謝

首先要感謝接受我採訪的這些人：Dan Ariely、Claudio Benzecry、Trevor Bish-Jones、Peter Bobkowski、Aaron Bragman、Nicholas Clee、Dean DeBiase、Stuart Elliott、Andrew Fisher、Adrian Foxman、Armand Frasco、Andy Garbutt、Peter Gelb、Thomas Gensemer、Bill Gorman、John Harris、Tom Hicks、Shabeer Hussain、Eva Illouz、Murat Kantarcioglu、Brain MacArthur、Peter Mair、Norman McLeod、Jerry Merrill、John Mogan、Maura Musciacco、Craig Newmark、Scott Pack、Jane Penner、S. Abraham Ravid、David Reiley、Claire Robertson、Alex Ross、Dan Scheinman、Maria Sebregondi、Paul Sexton、Michael Silverstein、Theda Skocpol、Jason Squires、Martin Talbot、David Thomson、Art Twain、Tim

Urquhart、Hal Varian、Alan Ware、Michael Wolff。我也滿懷感激英國作家協會（Society of Authors）管理的布萊德爾信託（K. Blundell Trust）提供補助，支付進行這些採訪所需的一些差旅費用。同時還要感謝Toby Mundy協助我思考如何將利基這個一般性的主題寫成一本書；另外，Louise Dennys、Michael Schellenberg和Michelle MacAleese在我寫作期間都不吝給予支持，我前一本書《網路城市》（*Cyburbia*）出版時，他們也向多倫多和加拿大的讀者大力推薦。感謝我的經紀人Elizabeth Sheinkman細心打理這本書的出版事宜，Little Brown公司的Tim Whiting是一位相當出色又思慮周全的編輯，謝謝他費心投入並提出相當棒的構想，讓這本書最後能往正確的方向發展。感謝Zoe Gullen為我修改文稿，讓內文更加易讀易懂；感謝Victoria Pepe用心掌控出版進度，還有Sophie McIvor更是在我完稿前就開始為這本書大力宣傳，這一切我都感念在心。感謝《衛報》的Toby Manhire和Janine Gibson，以及《金融時報》的Neil O'Sullivan，因為你們的邀稿，讓我為書中提到的一些構想奠定基礎；本書第七章我與沈恩（Amartya Sen）的訪談，先前就在《衛報》發表過。

跟Adam Curtis的談話也讓我受益良多，讓我對本書涵蓋的議題更有興趣。最後，我還要感謝Clare Collins、Stephen Foley、Alex Guiton、Emma Harkin、James Harkin、已故的Tom

Harkin、Kitty Hauser、Mark Johnston、Bridie Kelly、Jemima Lewis、Eleni Panagiotarea、Martha Pym、Simon Ransley、Dominic Rubin和Yasmin Whittaker-Khan，沒有你們的鼓勵與安慰，寫作將會是一件相當孤獨的苦差事。

延伸閱讀

前言　大家都需要你的產品？別鬧了

Darwin, Charles (ed. David Quammen), *On the Origin of Species: The Illustrated Edition* (New York: Sterling, 2008) 中譯本《物種起源》（台灣商務出版）。

Golley, Frank B., *A History of the Ecosystem Concept in Ecology: More than the Sum of the Parts* (New Haven: Yale University Press, 1996)

1　亂世佳人大賣，星巴克橫掃

Biskind, Peter, *Easy Riders, Raging Bulls: How the Sex, Drugs and Rock'n'Roll Generation Saved Hollywood* (London: Bloomsbury, 1998)

Feather, John, *A History of British Publishing* (London: Routledge, 2006, second edition)

Greenberg, Clement, 'Avant-Garde and Kitsch', *Partisan Review*, 6:5, 1939, 34–49

Hotelling Harold, 'Stability in Competition', *Economic Journal*, vol. 39, no. 153, March 1929, 41–57

Lambert, Gavin, *GWTW: The Making of Gone with the Wind* (New York: Little, Brown, 1973)

Myrick, Susan (intro, Richard Harwell), *White Columns in Hollywood Reports from the Gone with the Wind Sets* (Macon: Mercer University Press, 1994)

Pendergrast, *Mark, Uncommon Grounds: The History of Coffee and How it Transformed Our World* (New York: Basic Books, 2000) 中譯本《咖啡萬歲》（聯經出版）。

Radway, Janice A., *A Feeling for Books: The Book-of-the-Month Club, Literary Taste, and Middle-Class Desire* (Chapel Hill: University of North Carolina Press, 1997)

Rubin, Joan Shelley, *The Making of Middlebrow Culture* (Chapel Hill: University of North Carolina Press, 1992)

Shone, Tom, *Blockbuster: How the Jaws and Jedi Generation Turned Hollywood into a Boom-Town* (London: Simon & Schuster, 2004)

Silverstein, Michael J. (with John Butman), *Treasure Hunt: Inside the Mind of the New Consumer* (New York: Portfolio, 2006) 中譯本《便宜是好事》（商智文化出版）。

Thomson, David, *Showman: The Life of David O. Selznick* (New York: Knopf, 1992)

Thomson, David, *The Whole Equation: A History of Hollywood* (New York: Knopf, 2004)

Whiteley, Paul, Patrick Seyd and Jeremy Richardson, *True Blues: The Politics of Conservative Party Membership* (Oxford: Oxford University Press, 1994)

Widdemer, Margaret, 'Message and Middlebrow', *Saturday Review of Literature,* 18 February 1933

Winkler, John K., *Five and Ten: The Fabulous Life of F. W. Woolworth* (New York: Bantam Books, 1957)

2 人一有錢，就成了文化雜食者

Goldthorpe, John and Tak Wing Chan, 'Social Stratification and Cultural Consumption: Music in England', *European Sociological Review,* 23(1), 2007, 1–19

Penn, Mark J. (with E. Kinney Zalesne), *Microtrends: The Small Forces Behind Today's Big Changes* (London: Allen Lane, 2007) 中譯本《微趨勢》（雅言文化出版）。

Sosnick, Douglas B., Matthew J. Dowd and Ron Fournier, *Applebee's America: How Successful Political, Business, and Religious Leaders Connect with the New American Community* (New York: Simon & Schuster, 2007)

Weiss, Michael J., *The Clustering of America* (New York: HarperCollins, 1988)

3 我在地下文化臥底的日子

Biskind, Peter, *Down and Dirty Pictures: Miramax, Sundance, and the Rise of Independent Film* (London: Bloomsbury, 2004)

Carey, John, *The Intellectuals and the Masses: Pride and Prejudice among the Literary Intelligentsia, 1800–1939* (London: Faber, 1992)

Clark, T. J., *Farewell to an Idea: Episodes from a History of Modernism* (London: Yale University Press, 1999)

Greenberg, Clement, 'Avant-Garde and Kitsch', *Partisan Review,* 6:5, 1939, 34–49

Hall, Stuart, and Tony Jefferson (ed.), *Resistance Through Rituals: Youth Subcultures in Post-War Britain* (London: Hutchinson, 1976)

Hebdige, Dirk, *Subculture: The Meaning of Style* (London: Methuen, 1979) 中譯本《次文化：風格的意義》（國立編譯館出版）。

Hobsbawm, Eric, *Behind the Times: The Decline and Fall of the Twentieth-Century Avant-Gardes* (London: Thames & Hudson, 1999)

Macdonald, Dwight, 'MassCult and MidCult', in *Against the American Grain* (New York: Random House, 1963)

Seabrook, John, *Nobrow: The Culture of Marketing, The Marketing of Culture* (New York: Knopf, 2000)

Thomas, Frank, *The Conquest of Cool: Business Culture, Counterculture, and the Rise of Hip Consumerism* (Chicago: Chicago University Press, 1997)

4 承認吧，你就是「網路老鷹」！

Cocks, H. G., Classified: *The Secret History of the Personal Column* (London: Random House, 2009)

Davies, Nick, *Flat Earth News: An Award-Winning Reporter Exposes Falsehood, Distortion and Propaganda in the Global Media* (London: Chatto & Windus, 2008)

Downie, Jr., Leonard, and Michael Schudson, 'The Reconstruction of American Journalism', *Columbia Journalism Review*, 19 October 2009

Halavais, Alexander, *Search Engine Society* (Cambridge: Polity, 2009)

Baye, Michael R., John Morgan and Patrick Scholten, 'The Value of Information in an Online Consumer Electronics

Market', *Journal of Public Policy and Marketing,* 22(1), Spring 2003, 17–25

Surowiecki, James, 'Soft in the Middle', *New Yorker,* 29 March 2010

Twitchell, James B., *AdCult USA: The Triumph of Advertising in American Culture* (New York: Columbia University Press, 1996)

Williams, Francis, *Dangerous Estate: The Anatomy of Newspapers* (London: Longmans, Green, 1957)

5 黑道家族，驚聲尖叫！

Anderson, Chris, *The Long Tail: How Endless Choice is Creating Unlimited Demand* (London: Business Books, 2006) 中譯本《長尾理論》（天下文化出版）。

Edgerton, Gary R., and Jeffrey P. Jones (ed.), *The Essential HBO Reader* (Lexington: University Press of Kentucky, 2008)

Leverette, Marc, Brian L. Ott and Cara Louise Buckley (ed.), *It's Not TV: Watching HBO in the Post-Television Era* (New York: Routledge, 2008)

Johnston, Steven, 'Snacklash: In Praise of the Full Meal', *Wired,* 15.03, March 2007

6 豬農、Moleskine 筆記本與歐巴馬

Ariely, Dan, *Predictably Irrational: The Hidden Forces that Shape our Decisions* (London: HarperCollins, 2009, revised edition) 中譯本《誰說人是理性的》（天下文化出版）。

Baker, Stephen, *The Numerati: How They'll Get My Number and Yours* (London: Jonathan Cape, 2008) 中譯本《當我們變成一堆數字》（遠流出版）。

Becker, Howard S., 'Becoming a Marihuana User', *American Journal of Sociology*, vol. 59, no. 3, November 1953, 235–42

Benzecry, Claudio E., 'Becoming a Fan: On the Seductions of Opera', *Qualitative Sociology*, 32, February 2009, 131–51

Chatwin, Bruce, *The Songlines* (London: Cape, 1987) 中譯本《歌之版圖》（季節風出版）。

Cohen, Adam, *The Perfect Store: Inside eBay* (New York: Little, Brown, 2002) 中譯本《發現 eBay》（藍鯨出版）。

Heilemann, John, and Mark Halperin, *Race of a Lifetime: How Obama Won the White House* (London: Viking, 2010)

Plouffe, David, *The Audacity to Win: The Inside Story and Lessons of Barack Obama's Historic Victory* (New York: Viking, 2009) 中譯本《大膽去贏》（時報出版）。

7 太死忠，也是死路一條

Abramowitz, Alan I., *The Disappearing Center: Engaged Citizens, Polarization, and American Democracy* (New Haven: Yale University Press, 2010)

Bishop, Bill (with Robert G. Cushing), *The Big Sort: Why the Clustering of Like-Minded America is Tearing Us Apart* (New York: Houghton Mifflin, 2008)

Campbell, Peter, 'At the Natural History Museum', *London Review of Books*, vol, 31, no. 19, 8 October 2009

Fanshawe, Simon, and Dhananjayan Sriskandarajah, *You Can't Put Me in a Box: Super-Diversity and the End of Identity*

Politics in Britain (London: IPPR, 2010)

Illouz, Eva, *Cold Intimacies: The Making of Emotional Capitalism* (Cambridge: Polity Press, 2007)

Malik, Kenan, *Strange Fruit: Why Both Sides are Wrong in the Race Debate* (Oxford: Oneworld, 2008)

Sen, Amartya, *Identity and Violence: The Illusion of Destiny* (London: Allen Lane, 2006)

Sifton, Elisabeth, 'The Long Goodbye? The Book Business and Its Woes', *The Nation*, 8 June 2009

Skocpol, Theda, *The Missing Middle: Working Families and the Future of American Social Policy* (New York: W. W. Norton, 2000)

Sunstein, Cass R., *Going to Extremes: How Like Minds Unite and Divide* (Oxford: Oxford University Press, 2009)

結語　你的熱情，你的知音

Jacobs, Jane, *The Death and Life of Great American Cities* (New York: Random House, 1961) 中譯本《偉大城市的誕生與衰亡》（聯經出版）。

Kolbert, Elizabeth, 'The Sixth Extinction?', *New Yorker,* 25 May 2009

Kricher, John, *The Balance of Nature: Ecology's Enduring Myth* (Princeton: Princeton University Press, 2009)

Seldes, Gilbert, *The Great Audience* (New York: Viking, 1950)

國家圖書館出版品預行編目（CIP）資料

小眾，其實不小：中間市場陷落，小眾消費崛起 /
詹姆斯．哈金 (James Harkin) 著；陳琇玲譯．--
二版．-- 臺北市：早安財經文化，2020.01
面；　公分．--（早安財經講堂；90）
譯自：Niche : why the market no longer favours
the mainstream
ISBN 978-986-98005-5-6（平裝）

1. 行銷策略　2. 網路行銷

496.5　　108021910

早安財經講堂 90

小眾，其實不小

中間市場陷落，小眾消費崛起

Niche

Why the Market No Longer Favours the Mainstream

作　　者：詹姆斯・哈金 James Harkin
譯　　者：陳琇玲
特約編輯：莊雪珠
封面設計：Bert.design
責任編輯：沈博思、劉詢
行銷企畫：楊佩珍、游荏涵

發 行 人：沈雲驄
發行人特助：戴志靜、黃靜怡
出版發行：早安財經文化有限公司
臺北市郵政 30-178 號信箱
電話：(02) 2368-6840　傳真：(02) 2368-7115
早安財經網站：www.goodmorningnet.com
早安財經粉絲專頁：www.facebook.com/gmpress

郵撥帳號：19708033　戶名：早安財經文化有限公司
讀者服務專線：(02)2368-6840　服務時間：週一至週五 10:00~18:00
24 小時傳真服務：(02)2368-7115
讀者服務信箱：service@morningnet.com.tw

總　經　銷：大和書報圖書股份有限公司
電話：(02)8990-2588
製版印刷：中原造像股份有限公司
二版 1 刷：2020 年 1 月
二版 4 刷：2024 年 4 月

定　　價：350 元
I S B N：978-986-98005-5-6（平裝）

找到你的小眾，找出活路！